节能降碳与绿色发展研究

时希杰　著

中国商业出版社

图书在版编目(CIP)数据

节能降碳与绿色发展研究 / 时希杰著. -- 北京 ：
中国商业出版社，2024. 6. -- ISBN 978-7-5208-2950-2

Ⅰ. TK018

中国国家版本馆 CIP 数据核字第 2024PQ0828 号

责任编辑：朱丽丽

中国商业出版社出版发行
（www.zgsycb.com　100053　北京广安门内报国寺 1 号）
总编室：010－63180647　编辑室：010－63033100
发行部：010－83120835/8286
新华书店经销
北京虎彩文化传播有限公司印刷
*
787 毫米×1092 毫米　16 开　8.75 印张　155 千字
2024 年 6 月第 1 版　2024 年 6 月第 1 次印刷
定价：45.00 元
* * * *

前　言

在全球气候变暖、资源日益紧张的大背景下，节能降碳与绿色发展已成为当今世界共同关注的焦点。随着工业化进程的加速，能源消耗和碳排放量不断攀升，给生态环境带来了沉重的压力。节能降碳不仅是应对气候变化、保护生态环境的迫切需要，也是推动经济转型升级、实现高质量发展的必然选择。同时，绿色发展理念的普及和实践，有助于推动产业结构优化升级，提高经济发展质量，实现人与自然和谐共生。因此，探索节能降碳的有效途径，推动绿色发展，对于实现可持续发展目标具有重要意义。

本书采用理论阐述与实践分析相结合的方法，从节能降碳概述入手，首先详细分析了能源消耗与碳排放、节能降碳技术与应用，然后分析了污染治理与绿色发展，最后探索了绿色发展格局的构建。希望本书能够在节能降碳与绿色发展研究方面为读者提供帮助。

本书主要汇集了笔者在工作、实践中取得的一些研究成果。在撰写过程中，笔者参阅了相关文献资料，在此，谨向其作者深表感谢。

由于笔者水平有限，加之时间仓促，书中存在的一些不足和疏漏，敬请广大读者批评指正。

时希杰

2024 年 3 月

目　录

第一章　节能降碳概述

第一节　节能降碳的内涵

一、节能降碳的理论基础

节能降碳的理论分析主要基于经济集聚的节能减排效应机制。经济集聚通过技术溢出、设施共享、成本节约、集中监管和专业化分工等正外部性，对能源利用效率和碳排放强度产生影响。其中，能源强度与碳排放强度及人均碳排放之间存在显著的“倒 U”形曲线关系，即能源强度的提高在一定阈值后会对碳排放产生抑制效应。这一发现为节能降碳提供了理论支撑，强调了节能目标是减排目标实现的前提和途径。同时，经济集聚是一种紧凑型的空间生产方式，其各种正外部性和溢出效应对能源利用效率及碳排放强度的降低有积极作用，因此将经济集聚、能源强度和碳排放三者纳入同一分析框架可以更全面地理解节能降碳的内在机制。

二、节能降碳与经济发展

(一)节能降碳对经济的影响评估

在我国实践中，经济集聚对能源强度产生的影响也备受关注。研究发现，经济集聚对碳排放强度的减排效应临界值较人均碳排放的减排临界值更低，这表明碳排放强度较人均碳排放更容易受到调控。因此，在评估节能降碳对经济的影响时，需要充分考虑经济集聚对碳排放强度和能源强度的影响的差异。

经济集聚对碳排放强度和人均碳排放的抑制效应临界值存在差异，这意味着需要有针对性地制定节能降碳政策。具体来说，碳排放强度较人均碳排放更容易受到调控，因此在制定节能降碳政策过程中，应当注重对碳排放强度的调控与管理，以实现更有效的节能降碳效果。

从经济角度来看，也需要评估节能降碳对经济产生的影响。在实际研究中发现，经济集聚的节能效应临界值小于其产生减排效应的临界值，这说明在经济集聚视角下,节能目标相对减排目标更容易实现。因此,节能降碳政策的制定需要综合考虑经济集聚的特点,以实现最佳的经济效益与环保效益。

(二)经济增长与能源消耗的关系

经济增长与能源消耗密不可分。随着经济的快速增长,能源消耗也在快速增长。能源为经济增长提供支持和动力,经济增长依赖于能源消耗,因此经济增长与能源消耗之间存在紧密关联。如果能源消耗与经济增长之间的比例失调,将严重限制经济发展,甚至可能导致能源系统负担过重。

随着全球经济一体化的发展,能源资源在全球化配置方面的作用逐渐凸显,这也增加了人们对经济增长与能源消耗关系的关注。比如,以煤炭消费为主导的能源消费结构导致了中国经济增长对能源消费的刚性需求,从而增加了二氧化碳排放。因此,经济增长与能源消耗的关系不仅影响着国家的经济安全,也直接影响着全球能源资源的配置和环境保护。

在实践中,经济增长通常伴随能源消耗的增加,这也意味着需要更多的能源供给来支撑经济发展。然而,能源的开发开采和粗放使用会造成一定的环境污染,这就使经济增长与能源消耗之间的关系更加紧迫和复杂。因此,科学合理地调节经济增长与能源消耗之间的关系,成为实现可持续发展的重要一环。

在提高经济效益的同时,需要重视对能源管理的强化措施,以减少能源消耗对环境的负面影响。尤其是在工业发展中,能源消耗的大幅增加,进一步加重了能源系统的负担。因此,深入研究经济增长与能源消耗的关系,探索节能减排的理论基础和实践路径,成为当前亟待解决的问题。

(三)节能技术的经济效益分析

经济效益是企业使用节能技术的关键考量因素之一。采用节能技术可以降低企业的能源消耗成本,减少能源的使用,降低生产和运营过程中的能源支出,从而有效节约生产成本,提高企业的经济效益。节能技术的应用可以提高企业的生产效率和产品质量,降低能耗,优化生产流程,缩短生产周期,从而降低单位产品的生产成本,提高企业的竞争力和盈利能力。

从长远来看,节能技术的应用还可以提升企业的可持续发展能力。通过减少对能源资源的依赖,降低对大气环境和自然资源的压力,企业可以为未来的可持续发展奠定坚实基础。降低碳排放量也有利于企业遵循国家的环保政策和法规,减少环境污染，提升企业的社会形象和可持续发展能力。

在技术方面，节能技术的经济效益主要体现为其对生产制造过程的优化和改进。例如，采用先进的生产设备和工艺技术，可以提高能源的利用效率，减少能源浪费，从而降低生产成本，提高生产效率，实现经济效益的提升。一些新型节能技术还可以降低企业的运营成本，如智能控制系统可以实现对生产设备和能源的智能化管理，降低运营成本，提高经济效益。

三、节能降碳的重点与难点

（一）企业层面的执行挑战

在能源管理方面，企业需要积极构建包含法律法规要求、能源利用、计量、统计、监察以及设备管理等多方面内容的能源管理机制，以确保能源的科学性与规范性，应对节能减排的挑战。另外，在节能责任目标的管理方面，企业需要建立节能减排领导小组，对节能工作进行系统化研究与决策，并将能源的优化利用纳入企业的发展规划与生产组织中，将节能作为企业发展的重要基础，以确保节能减排目标的落实。

企业在能源介质计量方面也面临执行上的挑战，必须确保能源计量的器具配置完整，且能源统计准确，方能更深入地分析能源的利用效果，挖掘更深层的节能潜力。同时，企业还会在节能减排投资方面面临挑战，如要通过使用阶梯电价和超标惩罚政策来提高企业成本，刺激企业进行节能减排改造，从而应对环境污染与企业总产值等多方面的挑战。

企业在节能减排执行过程中也面临对相关技术的需求与适应的挑战。企业要在技术方面进行节能改造，并推广使用LED灯等节能照明产品，同时要进行技术转型与更新，以适应新的能源管理需求。在执行过程中，企业还存在对相关员工的培训和教育的挑战，必须确保员工具备节能减排的相关知识和技能，意识到节能减排的重要性，从而确保节能减排目标的有效达成。

（二）社会认知与行为改变

研究表明，人们的行为模式和生活习惯对能源消耗和碳排放有着直接影响。因此，社会认知和行为的改变，可以有效地降低能源消耗和碳排放。在实际工作中，政府和相关部门可以通过开展节能宣传教育活动，提高公众对能源资源的认识，培养公众节约能源和减少碳排放的意识，从而改变人们的生活行为模式，促进节能减碳工作深入开展。

社会认知与行为改变需要从各个方面入手。比如，在城市规划和建设中，可以加强对低碳生活理念的宣传，引导市民低碳出行、低碳生活，推广绿色出行，鼓励绿色建筑，加快对城市公共交通和非机动车出行的发展，以降低交通能源消耗和减少交通碳排放。同时，相关部门要制定相关政策，引导和鼓励企业与居民采用节能减排的新技术、新产品、新设备，实现全社会节能减排的目标。

在实践中，社会认知与行为改变也需要社会各界的共同努力。例如，学校可以加强环保教育，提高学生对节能减排的认识和意识，引导学生从小树立绿色环保理念，使环保成为一种习惯。同时，媒体可以利用自身优势，通过各种形式的宣传报道，引导公众形成低碳生活方式，促进社会更加注重节能减排工作，提高整个社会的认知水平和行为意识。

社会认知与行为改变还需要依托科技进步，推动节能降碳新模式和新技术发展。例如，利用大数据和人工智能等技术手段，对能源消耗和碳排放进行精准监测和评估，及时发现问题，推动相关部门采取有针对性的政策和措施，加强对节能减碳工作的指导和监督，推动整个社会形成良好的节能减排发展氛围。

四、节能降碳的实际效应

（一）环境质量的改善效果

首先，经济集聚对环境质量的改善效果体现在能源强度和碳排放强度之间的关系上。当邻近省份的能源强度对本省份的碳排放强度存在正向影响时，说明地区间经济竞争和示范效应的存在，导致环境质量的改善效果在一定程度上受到周边地区的影响。这也说明，经济集聚不仅会带来内部的环境改善效果，同时也会产生区域间的环境协同作用，进一步推动环境质量提升。

其次，经济集聚对环境质量的改善效果体现在能源价格对市场供求关系及环境外部性的合理反映上。合理的能源价格可以促使能源产品在生产和消费过程中得到高效配置，从而降低能源消耗和碳排放。随着环境规制政策的逐渐严格和环境规制强度的提高，能源价格的合理反应会促进企业加大对节能减排技术的投入，进一步提升环境质量的改善效果。

最后，经济集聚对环境质量的改善效果能够通过节能减排技术的改善和能源结构的清洁化来实现。在经济发展初期，集聚区域内的工业企业数量和规模相对较小，并未形成明显的规模效应。因此，由设施共享、成本节约和能源利用的规模经济效应所引起的碳排放强度的下降幅度，大于由产能规模扩张所引起的碳排放强度的增加幅度，从而表现出对碳排放强度的“净”影响为抑制效果。

在环境质量的改善效果方面，经济集聚还能够通过增强环境规制政策对能源强度和碳排放强度的调控起到重要作用。随着收入水平的提高，民众对高环境质量的诉求不断增强，促使环境规制政策更加严格，环境规制强度逐渐提高。这使得环境规制政策在减少碳排放强度的同时，也能为环境质量的改善效果提供有力保障。

（二）经济结构调整的成效

随着地区经济集聚水平的提高，调整过程形成了节能减排的驱动力量，促进了地区经济的绿色转型，从而实现了节能减排的实际效应。此外，在经济集聚的规模经济特征和各种溢出效应凸显的阶段，经济结构向低能耗、低排放的方向调整，实现了绿色升级，有效地促进了能源的集中利用和能源效率的提高。

经济结构调整推动了新能源技术的突破，降低了清洁能源的生产成本和市场价格，促进了新能源和清洁能源的需求显著上升，进而实现了能源消费结构的“绿色”调整。经济结构调整也对节能减排技术的突破创新起到了积极作用，通过集聚的技术溢出效应等外部性，为节能减排提供了更多的可能性，促进技术不断进步和发展。

经济结构调整还加大了能源管理的力度，推动了能源产品定价机制趋于完善，从而进一步提高了企业的经济效益。值得注意的是，经济结构调整并非一帆风顺，针对其面临的重点和难点，需要进一步进行研究和探索。

（三）社会可持续发展的促进作用

经济集聚能够促进资源高效利用和能源节约，通过技术溢出、设施共享和成本节约等正外部性效应，提升经济发展的效率和质量，从而有效推动社会可持续发展。同时，经济集聚也能够促进社会资源的合理配置和环境保护，通过集中监管和专业化分工，实现大规模的节能减排，减少资源浪费，保护生态环境，为社会可持续发展提供重要支撑。

经济集聚为社会可持续发展提供了有利条件，新型城镇化和区域发展战略的实施，能够充分发挥经济集聚的各种正外部性效应，促进经济结构优化和升级，为社会创造更多的就业机会和财富积累，从而增强社会可持续发展能力。经济集聚也有助于缓解城市化进程给能源消耗和碳排放带来的压力，为社会绿色发展提供有力支持。

经济集聚对社会可持续发展的促进作用体现在能源消耗和碳排放之间的关系上。研究表明，经济集聚能够通过降低能源消耗强度和碳排放强度，实现碳排放的抑制效应，从而降低社会能源消耗和减缓环境压力，为社会提供更加环保和可持续的发展环境。

经济集聚还能够对社会可持续发展产生直接的经济效益。实施节能减排政策，促进节能技术的推广和应用，降低生产成本，提高企业的竞争力和盈利能力，为社会经济的持续发展打下更加稳固的基础，实现经济效益和环境效益双赢。

第二节　节能降碳的方向与路径

一、节能降碳的方向

（一）产业结构优化升级

1.产业结构现状分析

与第一产业和第三产业相比，工业行业在能源消费和碳排放方面表现更为突出。因此，产业结构的现状需要根据能源消费结构转变和技术进步，来促进产业结构优化，以降低能源消耗和碳排放。

产业结构的现状分析表明，我国的产业结构已经从“二一三”结构转变为“二三一”结构。第三产业占比逐渐提高，而第二产业仍然是国民经济的主导产业。因此，产业结构的现状需要更加注重工业行业的绿色发展，以实现产业结构升级和优化，促进绿色全要素生产率增长。

在对产业结构的现状分析中，需重点关注产业结构的合理化和高级化。产业结构的合理化可通过将要素从低效率部门流向高效率部门，实现资源的高效配置，从而降低资源浪费率，提高绿色全要素生产率。而产业结构的高级化则需要促进各产业部门提高技术创新能力，形成以创新驱动为主导的产业结构，从而推动绿色全要素生产率提高。

从能源角度来看，产业结构的现状分析还表明，高新技术行业主要依靠技术和劳动力生产要素驱动，非高新技术行业更加依靠能源投入。相较于非高新技术行业，高新技术行业技术进步更快，人才吸引力更强，这些要素大大促进了高新技术行业的增长，因此有利于工业结构的高级化。

2. 产业升级对节能降碳的作用

(1)有利于节能降碳。研究结果显示，产业结构升级可以促进经济产值增长，同时减少能源消耗。具体而言，一项研究指出，产业结构升级可以实现经济能效的提升，从而降低整体能源消耗，进而实现节能减排的目标。产业升级还能够倒逼企业采用先进的设备和生产工艺，增加技术创新来节能增效，减少煤炭等化石能源消费，降低企业生产成本，使各产业尤其是工业生产技术不断进步，促进产业结构不断优化，最终实现我国经济转型升级。

(2)有利于推动新能源技术的发展和应用。研究表明，以绿色低碳为方向的能源技术革命最有可能引发新工业革命，并已经开始出现端倪。在这一背景下，积极推动能源技术革命，把能源技术及其关联产业培育成带动产业升级的新的经济增长点，对于保障我国能源安全、推动经济社会可持续发展以及应对气候变化都有重大意义。

(3)能够促进我国产业结构不断优化。产业结构不断优化有助于实现高质量绿色增长，达到资源节约型、环境友好型、高附加值的集约型经济增长模式。产业升级可以带动新技术的推广和应用，从而减少能源消耗与碳排放。产业结构不断优化升级也是实现节能减排和绿色发展的重要途径，有助于经济更加良性发展。

3. 优化策略与政策建议

(1)注重产业结构的协调性和高度性。通过技术创新和技术协作能力，实现产业高度化发展，推动产业部门协调，实现高效的资源配置，降低资源浪费率，最终提高绿色全要素生产率。

(2)注重产业结构的合理化和高级化。产业结构的合理化，能够实现要素从低效率部门向高效率部门流动，推进产业部门协调，从而降低资源浪费率，提高绿色全要素生产率。同时，通过产业结构的高级化，各产业部门的技术创新能力得到提高，形成以创新驱动为主导的产业结构，推动绿色全要素生产率提高。

(3)注重产业结构升级。产业结构升级可通过旁侧效应、学习效应和匹配效应来提高绿色全要素生产率。在产业结构升级过程中,应当实现环境消耗型产业的转移,提高生产和减排技术水平,以降低碳排放量。产业结构优化升级也需要借助政策的支持,如加大对绿色科技、节能环保产业的扶持力度,制定鼓励技术创新的政策。

(二)能源消费的节约与替代

1.能源消费现状与存在的问题

我国能源消费模式仍然较为传统,依赖于高耗能产业,而非清洁能源,这导致能源消费结构不合理和能源资源浪费,增加了能源供给的压力。

我国能源消费总量持续增长,尤其是煤炭、石油和天然气的消费量仍然维持较高增长速度。同时,我国工业占比较高,重工业能源消耗量大,技术水平相对较低。

我国能源的存量主要是煤炭,石油和天然气的比例较低。能源消费相关产业结构也需要进一步优化升级,以减少对传统能源的依赖,并推动清洁能源的使用,以降低能源消费总量。

我国能源消费总量的增长也带来了严重的环境问题。能源消费以煤炭为主,而燃煤排放是造成大气污染的主要原因之一,对空气质量和环境造成了不小的影响。能源消费结构的滞后直接影响了生态文明建设的进程,不利于推动经济低碳、绿色发展和可持续增长。

2.节能技术的发展动态

随着能源消费结构调整的不断深化,节能技术在产业生产中逐渐得到推广和应用,其中包括但不限于产品设备能效等强制性国家标准的制修订,以及节能制度政策保障的持续强化。在这一背景下,节能技术不断升级改造,推动传统产业节能升级,形成了节能技术的发展动态,为经济社会可持续发展提供了有力支持。

节能技术的发展动态也体现在煤炭清洁高效利用方面。对煤电机组的"三改联动"政策的推动以及对煤电机组的清洁高效利用,都是节能技术发展动态的重要组成部分。同时,能源消费的节约与替代也在全面推进,引导改变传统用能方式,政策性扶持居民用能器具行业发展。

节能技术的发展动态还表现在建筑领域节能改造方面。加快建筑领域节能改造,对低碳交通运输体系的建设也起到了重要的推动作用。特别是在绿色低碳交通运输体系加快形成方面，新能源汽车的保有量持续上升，全国公共机构能效水平也在不断提升。

3. 可再生能源替代路径

可以加大对可再生能源科技创新的资金投入，促进可再生能源技术不断提升和成熟，以降低其生产成本和提高市场竞争力。同时，构建有效的可再生能源技术创新体制，鼓励企业加强技术投入，充分发挥企业在可再生能源技术创新中的主体作用。

加大对清洁能源的补贴力度，通过设立清洁能源专项资金，进一步加大对清洁能源产业的补助支持，吸引和带动社会资金投入，促进可再生能源替代化石能源。应当加快推进清洁能源发电成本的降低，如风电、太阳能等可再生能源，从而提高其市场竞争力。

应着力推动可再生能源在能源消费中的替代应用。例如，加快建筑领域的可再生能源应用和节能改造，鼓励和引导人们在建筑中使用太阳能、风能等可再生能源，以降低对传统能源的依赖，实现能源消费的替代。同时，也要在交通运输领域推动低碳交通运输体系建设，逐步应用可再生能源替代传统石油能源，降低碳排放。

政策上需要进一步加强节能制度政策保障，研究修订相关节能法律法规，持续推进用能权交易试点，积极推广合同能源管理，以此来激发市场主体节能内生动力，引导形成节能低碳的消费体系，并推动可再生能源逐步替代传统能源。

也需要引导企业加强可再生能源技术投入，推动可再生能源的市场应用和产业发展，培育和扩大可再生能源市场规模，提升其在能源消费中的替代地位。应当提供更多的政策支持，促进可再生能源产业快速发展，形成以清洁能源和可再生能源为主体的能源供应体系，从根本上实现能源消费的节约与替代。

(三)循环经济的发展

1. 循环经济的理论基础

(1)在生态学、经济学和社会学交叉领域。循环经济旨在实现资源循环利用和减少环境污染。在生态学领域，循环经济依托于生态系统的原理，强调资源的可持续利用和生态环境保护，以实现生态系统与经济系统的协同发展和互惠互利。同时，循环经济的理论基础还包括经济学思想，强调资源的有效利用和节约型经济的构建，通过最大限度地提高资源利用效率，减少资源浪费，实现经济增长与资源消耗脱钩，以实现可持续发展的目标。

(2)社会学。循环经济强调了社会的参与和共享责任。在循环经济体系中，社会应当积极参与资源回收与再利用的过程，通过消费者、企业和政府等各方的共同努力，推动循环经济发展和实施。同时，循环经济的理论基础还突出了创新与科技的角色，强调通过创新技术和科学管理，提高资源的再生产率，推动循环经济发展和实施，促进资源高效利用和生态环境保护。

(3)强调产业结构的重构和优化。产业结构优化可以有效地减少资源的过度消耗和对环境的过度污染，促进资源循环利用和提高经济增长质量，实现经济社会可持续发展的目标。在实践中，国内外学者还提出了"生态经济学""循环产业链""绿色供应链"等理论，探讨了循环经济的发展和实施路径，为循环经济的理论基础提供了新的思路和方法。

2. 循环经济对节能降碳的推动作用

循环经济模式可以实现资源的循环利用和再生利用，从而减少对自然资源的消耗，减少能源消耗和碳排放。研究表明，循环经济能够有效推动企业在生产过程中采用更加环保和节能的技术和设备，从而降低能源消耗和碳排放的程度。

循环经济可以推动产业结构优化和升级，促进企业向低碳、环保型产业转型。在循环经济模式下，企业更加重视资源的有效利用和环境保护，通过技术创新和管理创新，不断优化生产过程，减少能源消耗和碳排放，实现节能降碳的目标。因此，循环经济对于推动节能降碳具有重要的作用。

循环经济可以通过推动低碳产品生产和应用，实现节能降碳的目标。循环经济模式注重产品的再利用和再生产，更加倡导绿色、环保的生产方式，推动企业生产出更加节能、低碳的产品。在生产过程中采用更加环保的原材料和生产工艺，降低产品的能源消耗和碳排放，从而实现节能降碳的目标。

循环经济可以通过推动绿色供应链建设，推动节能降碳。在循环经济模式下，企业更加注重与供应商和客户之间的合作和共享，推动绿色供应链建设。共享环保信息和资源，优化供应链结构，可以降低能源消耗和碳排放，实现节能降碳的目标。因此，循环经济对于推动绿色供应链的建设具有积极作用。

循环经济模式还可以推动企业进行碳排放监管与交易。通过循环经济，企业更加重视对碳排放的管理和监管，在生产过程中降低碳排放量。同时，循环经济可以推动企业参与碳排放权交易，鼓励企业通过交易手段降低碳排放量，实现节能降碳的目标。因此，循环经济具有推动企业进行碳排放监管与交易的作用。

3. 循环经济发展面临的挑战与对策

缺乏行之有效的发展循环经济的保护制度和政策。当前，我国循环经济发展存在制度性障碍，主要表现为缺乏有效的奖惩机制来约束和引导人们保护资源和环境，使得环境保护主要依赖道德约束，而这种约束是有限的，不能有效地保护和节约利用资源。

面临政府政策的执行难题。我国政府在大力倡导发展循环经济的同时，制定了相应的循环经济发展战略和目标，态度积极且明确。然而，在落实到地方的过程中，有的地方不能有效贯彻中央政府的政策，执行力不足，导致循环经济发展受阻。

面临资源勘查和开发管理不严格的问题。针对这一挑战，需要明确规定资源勘查和开发的条件，对资源的使用方式进行合理利用和安排，并综合考虑经济效益、环境效益和社会效益，促进三者之间良性循环。

税收政策不适应。针对这一挑战，应对循环经济型企业实施一定的免税政策和提供政府补助，对资源税制度进行适当的调整，使其能够更好地适应循环经济的发展。

在应对循环经济发展面临的挑战时，政府的政策导向和环境保护机制建设举足轻重。政府需将发展循环经济作为重点，并给予一定的优惠政策支持，形成促进循环经济发展的激励机制。同时，完善与循环经济发展相适应的宏观管理体系，政府与市场相结合，构建新的环境保护机制，对循环经济发展具有重要意义。我国循环经济发展还需要克服来自社会机制滞后的影响，尤其是解决政府的积极倡导与地方政府政策执行之间的矛盾。需要地方政府积极贯彻中央政府关于发展循环经济的政策，加强执行力，推动循环经济发展。

（四）碳排放的监管与交易

1. 碳排放监管的国际经验

碳排放监管的国际经验主要来自多边、双边国际条约以及国家间组织的法规等文献。这些国际经验为碳排放权交易行政监管提供了基本机制的法律渊源，这些法律文件为国际的碳排放交易行政监管提供了范本和法律依据，为各国在碳排放权交易的行政监管制度方面提供了借鉴和参考。

在碳排放监管的国际经验中，环境信息披露的国际实践也起到了重要作用。这些国际实践带来了明确的碳排放信息披露要求，使企业的碳排放信息及所采取的相关节能减排措施得以公开，为碳排放权交易行政监管提供了信息披露的范本。

国际经验表明，碳排放权交易行政监管制度的完善需要适当的监管主体。这需要在职能与权力上赋予监管主体严格的责任，使其能够有效地监督排放企业的排放行为是否真实、是否可核查、是否可验证，并能够保证超出部分的排放通过购买配额的方式以履行其在碳排放权交易制度的义务，以及能够合理地规范非政府组织和市场主体在碳排放权交易制度中所从事的监管行为。因此，监管主体在碳排放权交易行政监管中的角色至关重要，其合理性与权力的适度规定将有效促进碳排放权交易市场的健康发展。

国际经验还表明，碳排放权交易行政监管的完善也需要从制度结构上加以规范。具体来说，监管制度需要分为排放环节的监管和交易环节的监管两大环节。在国际经验的指导下，我国在完善碳排放权交易的行政监管制度时需要设计合理的制度结构，以保证监管的全面性和有效性。

2. 碳交易市场的运行机制

在总量控制与交易型碳排放权交易模式下，政府或监管部门设定一定范围内的碳排放总量，并将其分解为一定数量的碳排放配额，分配给被纳入交易机制的排放主体，排放主体可以通过交易机制出售和购买这些配额，从而形成碳排放权市场交易。

为了有效推动碳交易市场运行，政府可以借助监管试验和监管沙盒等工具，灵活地开展监管工作。例如，政府可以在市场初级阶段设置价格浮动的上下限，以确保市场运行平稳。随着市场的发展，政府可以逐渐退居幕后，将价格的设定交由市场运行和价格调整机制，以实现市场的健康运行。

在碳交易市场中，企业根据自身实际需求与责任来进行碳排放配额交易，而政府监管部门在其中扮演着引导、规范和监督的角色。政府的监管需要不断适应市场变化，同时鼓励各行业协会等社会组织制定行业管理规则，以促进碳交易市场良性发展。

碳交易市场的运行还涉及企业内部的碳排放权交易。在供应链中，企业可以根据自身收益最大化原则，综合考虑碳排放的交易量和价格，并受到市场价格的约束，进行碳排放权交易。这种内部交易的存在，有助于企业在碳排放限额下积极减少碳排放，并在合作共赢的前提下进行碳排放权交易。

在总量管制与排放交易政策下，制造商在减少产品碳排放的同时，也需要在碳交易市场购买额外的碳配额以维持供应链正常运营。因此，碳交易价格的增加会导致碳配额购置成本的增加。但如果制造商减排后的碳排放水平低于初始分配的碳配额，他们可以将剩余的碳配额出售以获得额外的利润。因此，当碳交易价格增加时，制造商会积极应对，尽量减少自身的碳排放，同时通过出售剩余的碳配额获取额外利润。

在市场运行平稳后，政府可以逐渐退居幕后，将碳排放权交易的定价机制交由市场运行和价格调整机制来管理，确保碳交易价格的合理性和市场健康发展。同时，政府监管需要与行业自律相结合，鼓励各行业根据实际需求，制定相应的行业管理规则，促进碳交易市场良性发展。

3.我国碳监管与交易发展策略

政府应当重视监管体系的建设和完善，包括排放环节的监管和交易环节的监管。在排放环节监管方面，需要监督排放企业是否在所获得的配额限度内从事排放行为，并确保排放行为的真实性和可核查性，这需要第三方核查机构参与，以确保监管的有效性和客观性。在交易环节监管中，除了保证排放环节的监管外，还需要建立完善的交易规则和实施第三方核查制度，以确保交易的真实性、公平性和专业性。

应该注重政府与行业的合作治理。政府部门既要制定监管规则，又要鼓励各行业协会等社会组织根据碳排放权交易主体的实际需求，制定行业管理规则，以实现政府监管与行业自律的有机结合。同时，政府可以借助监管试验和监管沙盒等工具，灵活地开展监管工作，如对碳价格的监管，可以借助政府之手设定价格浮动的上下限，并逐步将市场运行和价格调整机制交由市场自身来实现，以促进市场健康发展和稳定运行。

为了提升碳排放权交易市场的透明度和公平性，需要组织更具专业性的第三方力量对减排工作进行核查，并建立由科研机构、专家带头的非政府监管机构，以减轻政府的工作压力，并促进碳交易的透明性、公平性和专业性。同时，应加强对碳排放权交易制度的总量控制规则，确保市场主体按照科学合理的方法分配配额和核查分配结果，以保证交易的公平性和市场公正运行。

二、节能降碳的路径

(一)能源结构调整与优化

1.能源结构现状

以煤炭为主。煤炭仍是我国能源消耗的最大占比能源,而且在短时间内很难有根本性的改变。在城市化和工业化发展阶段,我国需要消耗大量的能源,这使得能源消耗结构的调整和优化面临巨大挑战。

包括其他能源资源。除了煤炭,我国的能源结构还包括其他能源资源,如水电、抽水蓄能、燃气发电等技术。在能源结构调整和优化过程中,我国需要通过发展大规模煤气化、循环流化床燃烧等洁净煤技术来提高煤炭利用效率,还需要减少煤炭在能源消耗中的占比,引导能源消耗向绿色低碳、多元化方向发展。

需要加强清洁能源的发展。提高太阳能、水能等可再生能源及清洁能源的消耗量,这将有助于优化能源消耗结构,减少对传统高碳能源的依赖,推动能源绿色低碳转型。

能源消耗结构尚不健全。目前,中国的能源消耗结构尚不健全,缺乏完善的法规、技术规范、标准和规定。而且,建筑节能政策缺乏经济扶持,开发商缺乏节能建筑的积极性,执行节能规定无奖励。因此,我国需要加强技术政策的制定与实施以及清洁能源技术的研发与推广,以推动能源消耗结构优化和调整。

2.能源结构调整的优化路径

需要快速发展可再生能源发电技术,以风电、光伏发电为主,同时发挥水电的基础保障作用,逐步淘汰落后的煤电产能,安全发展核电,逐步提升电网灵活性,满足用电需求。

需要在能源消耗结构上减少煤炭在能源消耗中的占比,引导以煤炭为主的能源消耗向绿色低碳、多元化能源消耗的方向发展,发展大规模煤气化、循环流化床燃烧等洁净煤技术,提高煤炭利用效率,并鼓励发展新能源及可再生能源技术,提高太阳能、水能等可再生能源及清洁能源的消耗量。

注重建筑节能,通过建筑节能保温改造农房围护结构实现节约用能的清洁取暖投资模式,目标是节省运行费用使运行环节不需补贴。需要加快推进产业结构调整，科学统筹各行业各领域的煤炭生产与消费，严格控制煤电产业发展规模，进行全面调控，打造清洁低碳能源体系。

需要推动能源绿色低碳转型，通过发展抽水蓄能、燃气发电等技术提升电网灵活性，构建新型电力系统，以形成安全可靠、环境友好、经济上可承受的低碳能源电力供应消费体系。还需要注重增强社会公众节能意识，加强节能宣传教育，引导公众理性使用能源，推动社会公众节能意识的提升，从而全方位推动能源结构调整与优化的路径实施策略落地。

(二)产业绿色转型

1.产业转型的必要性

(1)有助于实现节能减排目标。随着全球能源需求的不断增长和环境污染的加剧，产业转型已成为不可避免的趋势。首先，产业转型可以有效促进能源结构调整，推动重点行业绿色发展，以电代油、以氢代油的方式，配套储电、充电桩等一体化信息配电系统，从而建成脱碳的交通能源体系。其次，产业转型是淘汰落后产能必不可少的，通过市场导向、以企业为主体的产业退出机制，可以逐步、稳妥推进淘汰规模小、效益差、污染大的落后产能进程。产业转型也可以加快环保、新能源产业发展，为主导产业生态链的形成提供支撑，促进环保产业的高新技术发展，实现低碳化生产过程。

(2)有助于打造新型产业链。在实现“碳达峰、碳中和”的目标下，产业转型可以打造新型产业链，推动传统产业高端化、智能化、绿色化。从产业链、国内产业布局的角度出发，产业转型也提出了具体的要求，即在产业布局上加大对光伏发电及设备制造产业的支持力度，实施绿聚能新能源项目，延伸产业链，努力走绿色低碳、优质高效发展道路。而产业转型将是电力行业低碳转型必由之路，电力行业碳达峰时间的选择需要放在全社会的总体目标里进行考量，以使整个社会目标更好地达成。产业转型还是能源结构调整与优化的路径之一，构建以新能源为主体的电力系统，则是面向未来提出的发展需求。

(3)有助于实现节能减排目标。产业转型可以推动绿色发展，加速淘汰落后产能，促进环保产业发展，完善能源结构调整与优化路径。同时，产业转型也是面向未来、适应未来发展需求的必然选择，为实现“碳达峰、碳中和”目标提供有力支持。为此，要引导产业向着低碳、减碳方向转型，积极应对全球能源需求增长和环境污染加剧的挑战。

2. 绿色技术创新与应用

绿色技术创新是实现产业绿色转型的重要途径之一。技术创新可以推动关键行业实现电气化、数字化和智能化，以减少对传统能源的依赖，降低能源消耗和减少污染物排放。在推进重点行业绿色发展的过程中，绿色技术创新通过以电代油、以氢代油等方式，大力推动能源结构调整，建成脱碳的交通能源体系，实现环境友好型能源生产和使用模式。

绿色技术创新是实现工业节能减排的关键。引入先进的节能降耗环保型技术与设备，在煤炭、电力、冶金、建材、化工等高耗能行业之间构建生态产业链，提高资源能源的有效利用率并减少工业污染物排放。同时，推进新能源开发及相关产业发展，逐步提高工业能源消耗中新能源的使用比例，达到减少资源压力和传统能源污染物排放量的目的。

绿色技术创新可以助推产业间协调能力、资源利用效率提高，实现产业高级化和低碳化。通过技术创新，产业链和供应链得以低碳化，而且绿聚能新能源项目以及太阳能产品利用技术得以推广应用。这些绿色技术的应用，不仅有利于提高生产效率，还能够减少对环境质量的影响，为产业转型和节能减排提供技术支持。

绿色技术创新还可以通过绿色智慧建筑体系建设，加强建筑节能，为社会公众提供更加环保、节能的生活方式和工作环境。在建筑行业和家庭生活中，实施电气化、数字化和智能化，可提升照明、烹饪和家用电器等方面的节能效果。

3. 产业政策与市场机制

政府可以通过激励政策和资金扶持，推动企业加快技术改造和转型升级，实施绿色低碳发展。同时，政府可以加大淘汰落后产能的力度，通过奖励和补贴措施，引导企业加快转型，实现产业结构绿色转型。政府还可以通过引导政策，推动开展低碳技术项目库建设，研究制定高碳产业名录，建设产品碳标签和碳足迹标准体系，从而促进产业链和供应链低碳化，推动产业绿色发展和升级。

在市场机制方面，政府可以引导企业与地方政府约定农村光伏商业模式，运用绿色金融、财政税收和价格手段等多种组合政策，构建市场化运行环境，推动绿色产业发展。政府还可以采取措施，如社会保险减免和以奖代补，来引导企业加大对太阳能产品利用技术的推广应用，延伸产业链，努力推动产业向绿色低碳、优质高效发展的道路转型。

产业政策和市场机制的优化和完善对于产业绿色转型至关重要。政府可以通过政策引导，逐步提高工业能源消耗中新能源的使用比例，从而减少传统能源使用过程中污染物排放量和资源压力。同时，政府还可以综合运用行政、法律和经济手段，逐步推进淘汰规模小、效益差、污染大的落后产能，加快产业结构调整和优化。

政府可以通过引进先进的节能降耗环保型技术与设备，来构建煤炭、电力、冶金、建材和化工行业之间的生态产业链，促进资源能源有效利用，减少工业污染物排放。同时，政府还要大力推进新能源开发及相关产业发展，并制定相关产业政策，以实现有效减少碳排放的目标。

在产业政策与市场机制调整中，政府还应根据中国进入新常态后的发展需求，调整经济发展模式，优化能源消耗结构，推动产业绿色转型。积极引进国外先进技术，发展绿色的自主研发技术，加快推动产业链和供应链低碳化，从而达到节能降碳的目标。

(三)建筑节能的加强

1.建筑节能政策法规

需要构建标准的建筑节能设计，以满足不同类型建筑的节能需求，推动建筑节能技术的创新和应用以及建筑节能材料的研发和推广。

制定相关建筑节能法规和标准，包括建筑节能的设计、施工、检测等各个环节，以确保建筑节能政策全面实施和落实。

需要加强对建筑节能的监督和执法，明确相关部门的责任和权力，严格执行建筑节能相关法规，确保建筑节能政策的贯彻执行和效果实现。

应该充分利用再生水资源，推动建筑成为节能和环保的典范，不断完善建筑节能的技术政策，包括建筑节能标准的修订和更新、技术创新的推动等，促进建筑节能技术不断升级和完善。

要推动地方政府在落实建筑节能政策方面的积极作用，加大对建筑节能改造的资金支持力度，对建筑节能项目进行奖励和补贴，鼓励建筑业积极参与建筑节能工作。

还需要增强公众对建筑节能的认识和理解，提高社会的节能意识，推动全社会共同参与建筑节能工作，形成人人参与、人人为节能的社会氛围。

2. 节能设计与材料创新

在建筑设计过程中，采用节能型建筑材料是至关重要的步骤。例如，在建筑外维护结构设计中，应保证保温隔热等热工特性，同时对建筑周围环境进行绿化设计，以提高建筑的节能性能。

节能设计还需要全面应用节能技术措施，以最大限度地减少建筑物的能耗量，从而达到理想的节能效果。这涉及建筑朝向、平面形状、间距、层高等方面的设计，为了最大限度地减少冷负荷，建筑物宜采用南北向，而非东西向。

在材料创新方面，建筑节能设计需要注重材料的热工性能。材料的热工性能对建筑的节能性能有着直接影响，因此在选择和使用建筑材料时，需要充分考虑其热传导系数、导热系数和比热容等指标，以确保材料的节能性能满足相关标准。

在建筑节能设计中，还需要充分考虑资源消耗少、品质高、污染少、使用寿命长、可回收利用等特征。因此，除了考虑节能设计方面，对材料的选择也需要满足这些特征，从而在整体上实现建筑节能的目标。建筑节能设计和材料创新也需要关注建筑的环境、方向、外观、面积、节水节地、太阳能利用、装潢等方面的因素。这些因素相互关联、相互制约，需要综合考虑和协调，这样才能真正取得建筑节能设计的综合效益。

对于建筑节能设计与材料创新的实施，需要注意建筑的朝向和平面形状、采用绿色建筑材料、提高建筑外维护结构的保温隔热等热工特性，同时也需要利用现代技术手段，如智能建筑管理系统，实现对建筑节能性能的长期监测和优化调整，从而不断提升建筑的节能水平和减排效果。

不仅如此，还要不断完善和推广科学化、有效化的建筑节能技术。建筑节能领域涉及新型节能墙体和屋面的保温、隔热技术与材料、节能门窗的保温、隔热和密闭技术、供热和热、电、冷联产联供技术等多个方面的技术。这些技术的不断完善和推广，为建筑节能提供了有力的技术支撑和保障。

（四）社会公众节能意识的增强

1. 培养公众形成节能意识

政府部门应加强对节能的宣传和教育，通过各种途径向社会大众普及节能知识，引导公众养成节约能源的好习惯。媒体在宣传报道中应加大对节能的宣传力度，提高公众对节能的认识和重视程度，通过系列报道、专题访谈等形式，逐渐增强公众节能意识。同时，学校和教育机构应加强节能教育，培养学生节约能源的意识，引导他们养成节能、低碳的生活方式，从小培养公众节能意识。

企业和社会组织也应当加大对节能的宣传力度，积极开展节能宣传活动，引导员工和社会大众积极参与节能行动，形成全社会共同关注节能、支持节能的良好氛围。建立和完善节能激励机制，采取多种方式对节能行为进行奖励，激发公众的节能动力，鼓励广大群众改变生活习惯、节约能源，形成持久的节能动力。

利用信息化手段，通过互联网、移动客户端等途径，广泛传播节能知识和信息，提高公众对节能的认识和了解，引导公众树立低碳环保的生活理念，从而形成从各个方面关注节能、支持节能的良好社会氛围。此外，还可以从立法和政策层面入手，建立健全的节能法律法规体系，推动社会公众节能意识的增强，通过法律的约束和规范，引导和促进公众形成节能的理念和行为习惯，推动全社会形成节约能源、绿色环保的新风尚。

2.节能宣传与教育

应加大对低碳建筑的宣传力度，提高广大人民群众对低碳建筑的觉悟，充分认识到低碳建筑的重要作用，让人们了解到低碳建筑所能带来的好处。这有助于人们自觉地不购买高能耗的建筑，推动建筑节能与低碳建筑发展。同时，应该充分利用再生水，使建筑成为节能建筑和环保建筑，严格执行节能法规及节能技术规范、标准和规定，加快建筑节能推进工作和建筑节能有序发展。

在广大人民群众中加强建筑节能信息的传播，推动中国建筑节能技术与产品进步。这将有助于人们更加了解节能建筑所产生的巨大价值，从而在选择建筑材料和能源设备时更倾向于节能产品，推动建筑节能技术与产品发展。

应加大对低能耗的重要性的宣传力度，让人们了解到节能的价值。借助暖、凉水等系统，让人们在不同季节都能感受到舒适的室内温度，从而促进市场对节能建筑的认可与投资。高校和科研机构可以深入探讨建筑节能方面的问题，从而为建筑节能推广提供可靠的技术支持和方法。

还可以依托建立建筑节能社团，让相关人员推广与回答建筑节能的问题，从而让更多的人了解到建筑节能，为建筑节能推广提供可靠的方法。只有将节能真正地渗透到每个角落，才能让国家发展得更好。

3. 探索公众节能意识的路径

可以通过开展专题报道和组织专家采访的方式以及发布公益广告等形式，来加强节能宣传和教育，让公众更深入地了解建筑节能的重要性和意义。

可以开展征名活动，通过民众参与的方式，推动社会各界共同关注和参与建筑节能实践，并进一步增强公众的节能意识。

可组织新闻发布会，对试点城市的节能成果进行宣传，从而在全国范围内拓展节能宣传活动，进一步提升公众的关注度和认同度。

政府可以采取经济激励政策和资金支持政策，如减少土地出让金收益或给予税收优惠、贷款、贴息倾斜政策等，激发开发商的积极性，从而推动建筑节能发展。

还可以加强全国节能宣传周等相关宣传活动，从而营造浓厚的节能宣传氛围，提高公众对节能的认同度和参与度，推动社会各界共同参与建筑节能实践。

第三节　节能降碳的社会影响

一、节能降碳与生活方式改变

(一)生活消费模式的转变

生活消费模式的转变对于节能减排具有重要意义，通过社会舆论引导和政策导向，可以促使公众形成节俭节能理念，从而改变其消费习惯。一方面，强调绿色消费和低碳消费，倡导公众购买和使用绿色环保产品，从根本上减少资源浪费和环境污染，带动产业结构调整和升级，促进资源的有效利用和循环利用。另一方面，引导公众逐步改变高耗能、高排放的生活方式，如减少私家车的使用，鼓励公共交通和非机动车出行，提倡绿色低碳出行，推广共享经济模式，推动个人消费向低碳生活方式转变。

家庭生活消费模式的转变，不仅在于日常生活用品的选择，而且是缘于生活习惯和生活方式的改变。例如，在家庭装修和家电选购方面，更倾向于选择环保材料和节能产品，如 LED 照明灯具、节水器具等，以此来减少家庭能源消耗。还可以倡导家庭精细化管理，减少食物浪费，鼓励减少购物和消费行为，培养理性消费观念，建立“绿色家庭”理念，从而推动生活消费模式向可持续、低碳生活方式转变。

建立“绿色节约型社会”需要推动公众形成节俭节约的生活方式和理念，提倡简约生活，遏制攀比和浪费之风。例如，在饮食方面，倡导健康饮食，减少肉类和动物产品的消费，增加蔬菜和谷类的摄入，减少食物浪费，推动碳餐概念发展。在日常生活中，鼓励公众减少不必要的用水和用电行为，鼓励共享经济和共享资源，推广可持续的生活方式，从而使生活消费模式转向节能减排，促进社会经济持续发展。

社会对节能减排的认知与态度的改变也是推动生活消费模式转变的重要因素。借助舆论宣传和社会活动，增强公众对节能减排和低碳生活的认知，增强环保意识和节能意识，引导公众形成崇尚绿色生活的态度。例如，通过媒体广告、公益宣传活动等方式，宣传环保知识、节能技术，引导公众采取实际行动，从点滴做起，形成节能减排的自觉行为，促进生活消费模式向低碳环保方向转变。

生活消费模式的转变还需要经济可持续发展的促进。政府通过宏观调控和政策引导，鼓励企业研发生产节能环保产品，降低绿色低碳产品的生产成本，提高绿色产品的市场占有率，从而带动产业结构调整和升级，推动经济向绿色低碳方向发展。同时，建立健全的绿色金融体系，鼓励绿色投资和绿色消费，促进资源有效配置和利用，为生活消费模式转变提供经济支撑和动力。

（二）绿色出行的推广与实践

在全国范围内加大新能源汽车的推广力度，提倡人们采用绿色、低碳方式出行，降低汽车尾气的排放量，减少对不可再生资源的消耗。还可以通过加大对绿色建筑施工技术、绿色环保材料以及各类清洁能源的推广力度，实现更广泛的节能降碳。

绿色出行实践需要在各个方面深入推进。例如，通过媒体对低碳生活方式进行广泛宣传，让公民了解节能环保的重要性，从而增强公民节能环保意识，降低能源消耗，达到节能减排的目的；可以逐步建立健全的法律法规体系，在交通管理、城市规划、汽车排放等方面进行政策引导，推动绿色出行实践。

绿色出行实践需要加大科技创新力度。对于新能源汽车、清洁能源等领域，需要加大投入，提高科技水平，推动绿色出行技术的进步和应用。只有科技创新，才能实现真正意义上的绿色出行，从根本上改变出行方式对环境的影响。

绿色出行实践需要企业的积极参与和贡献。政府可以通过奖励政策，鼓励企业投入绿色出行技术的研发和推广，促进企业为节能减排和环境保护做出更大的贡献。企业还应该自觉履行社会责任，加大对员工节能减排意识的培养，推动员工改变出行方式，积极参与节能环保工作。

(三)生活垃圾分类与资源循环利用

需要加大环境保护以及节能减排力度。这包括对先进适用技术进行推广和合理运用，实现全面有效实施节能减排的重大技术与示范工程，加大长远有效地发展环保产业以及服务产业的力度。这种方法不仅可以促进生活垃圾分类和资源循环利用，还能对环境保护和节能减排起到积极作用。

需要加强政策引导和管理措施，强化日常管理，狠抓责任落实。这包括完善水、电、气计量器具配备，建设能源监管系统，实现对各种能耗数据的采集、处理、汇总和分析，对主要用能设备进行远程自动控制，提升科学管理水平。这种管理措施有助于推动生活垃圾分类处理和资源循环利用。

可以通过对太阳能、风能等可再生资源进行开发，实现自然资源和清洁的有效结合。这样的做法不仅可以为生活垃圾分类提供新的能源来源，同时也有利于降低成本和减少对传统资源的依赖。

二、节能降碳与公众认知态度

(一)公众节能降碳意识

公众的节能降碳意识不仅在个体层面影响着生活方式的改变，也在整体上对社会的节能降碳发展产生着深远的影响。随着节能降碳理念的逐渐深入人心，公众对能源的使用方式和态度发生了积极的变化，形成了更加注重低碳生活、低碳消费的态度，这种积极的变化对于社会低碳环境建设具有重要的推动作用。

在个体生活方式上，公众的节能降碳意识导致了生活方式的改变。公众开始更加注重节约能源、减少二氧化碳排放，如采用节能灯具、开展家庭垃圾分类、选择绿色出行方式等，使得个体的生活方式更加环保、健康，更符合低碳生活理念。公众的这种节能降碳的生活方式的改变，对于社会的低碳环保产生了直接积极的影响。

(二)认知与态度改变的社会影响

公众对节能减排的意识不断增强,意识到节能减排与可持续发展关系密切,从而改变了对环境保护的态度,更加重视生态环境保护与改善。这种认知与态度的改变,促使公众更加愿意参与环保志愿活动,监督企业的环保行为,关注环境保护政策的制定和执行情况。

节能减排的推广也在一定程度上引导了公众生活方式的改变。随着公众对节能减排的认知逐渐深入,更多人开始从日常生活、工作以及消费中寻找节能减排的有效途径,如选择低碳出行方式、购买节能环保产品和倡导垃圾分类等。这种不断改变的生活方式也在一定程度上推动了社会整体对环保理念的认同和发展。

节能减排的实践对公众的经济意识产生了积极的影响。通过相关政策的引导和环保意识的增强,公众更加意识到资源的宝贵和可持续利用的重要性,开始在经济活动中采取更为节约和环保的方式,促进了经济可持续发展的进程。这种认知与态度的改变,使得公众在个人消费、生产与生活方式上更加谨慎和理性,形成了更加环保、节能的理性消费观念。

公众对节能减排的认知也为科技发展提供了重要动力。随着公众节能减排知识的丰富,更多人开始重视和支持科技创新和环保技术研发,促使科技界更加重视环保研究。这种认知与态度的改变,对于推动科技在环保领域的创新和应用起到了重要的作用,加速了环保技术的发展和应用,在一定程度上改善了环境质量和生态平衡。

(三)提升公众节能降碳参与度

可以通过加强社会教育和宣传,提高公众对节能降碳重要性的认识和了解。这包括在各种媒体平台上开展广泛的宣传活动,如电视、网络、报纸和广播等,将节能降碳意识融入日常生活中,从而激发公众的自觉参与和行动意识。

政府和相关部门可以出台相关政策和措施,以激励和引导公众积极参与节能降碳。例如,可以建立激励机制和奖励制度,对个人和组织在节能降碳方面的成绩给予相应的经济或非经济奖励,从而提高公众参与度。

可以促进科技创新和应用,为公众提供更多便利的节能降碳产品和技术。这可以包括鼓励企业增加节能降碳的科研投入,开发更环保和节能的产品,从而使公众在日常生活中更容易选择节能降碳的生活方式和产品。

加强教育培训，提升公众的节能降碳技能和意识。开展相关的课程培训和活动，使公众了解和掌握节能降碳的知识和技能，从而可以在日常生活中更加积极主动地采用节能降碳的方式。

可以加强社会组织和公益活动，在社区和单位开展节能降碳倡导活动，动员和引导更多的公众积极参与节能降碳行动。这种社会动员和组织行动可以形成合力，推动公众意识和行为的改变，从而提高整个社会的节能降碳参与度和效果。

可以通过建立节能降碳示范项目和案例，向公众展示成功的节能降碳实践经验和成果，以此来鼓励更多公众参与到节能降碳行动中。这些成功案例可以为公众树立榜样和提供激励，使更多的人愿意行动起来，将节能降碳融入自己的生活和工作。

三、节能降碳与经济可持续发展

（一）节能降碳对产业结构的影响

节能降碳政策的实施促进了产业结构优化升级，推动了高能耗、高污染行业向清洁、低碳发展方向转变。

节能减排工作有助于淘汰落后产能，从而进一步促进了产业结构的持续优化。随着节能技术的不断推广和应用，高能耗、高污染的企业逐渐退出市场，这推动了产业结构朝着高效、环保的方向发展，为整体产业结构升级提供了有力支撑。

随着节能降碳政策的不断深化，企业在生产过程中更加注重能源利用效率和资源节约，这促使企业对生产工艺进行优化和更新，同时也带动产业结构的调整和升级。这种调整和升级促使产业结构朝着绿色、低碳方向转变，为建设资源节约型、环境友好型社会奠定了基础。

在节能减排工作的推动下，大力发展节能技术与装备，促进了产业结构的升级和转变。同时，产业结构的升级也推动了相关领域的技术创新和进步，为科技发展提供了重要动力，进一步加速了产业结构向着高质量发展方向调整。

（二）节能降碳政策的经济效益分析

从宏观角度来看，节能降碳政策的实施，能够显著提升能源利用效率，减少资源浪费，减少对自然资源的过度消耗和环境污染，从而为经济可持续发展提供了重要保障。

具体来看，节能降碳政策对我国经济的发展和转型起到了积极的推动作用。政府部门颁布的一系列节能环保政策，激励了企业加大对节能减排的投资力度，推动了相关节能环保产业快速发展和壮大，从而有效地拉动了经济增长和推动了结构调整，形成了新的经济增长点，为经济可持续发展提供了新的动力。

节能降碳政策的实施也使得企业在生产过程中更加注重节能减排，从而提高了生产效率，降低了生产成本，增强了企业的竞争力。同时，政府补贴与税收优惠等政策的推出，刺激了节能环保产业的供给，促进了产业结构调整和技术创新，推动了经济向高质量发展转型。这些举措不仅仅有助于保护环境，减少碳排放，更为经济可持续发展注入了新的动力，形成了良性的经济发展循环。

节能降碳政策的实施还直接增加了相关领域的就业机会。随着节能环保产业的快速发展，产业链条不断延伸，从生产制造到服务领域，为社会创造了大量的就业岗位，有效降低了城乡居民的就业压力，提高了人民生活水平，为保障和改善民生做出了积极贡献。

（三）绿色金融与节能降碳的协同促进

我国绿色贷款、绿色债券等绿色金融市场发展处于国际领先水平，这些金融工具不仅能够为节能减排和环境保护项目提供资金支持，还可以有效地引导资金流向符合绿色低碳发展的项目，从而促进了绿色技术创新和应用。

绿色金融为节能减排提供了重要的资金渠道，可以推动节能环保产业发展。绿色金融的引导和支持，能够加大对环保工程和低碳技术的投入，促进相关产业蓬勃发展，为经济可持续发展提供重要的动力。

在金融政策方面，绿色金融在节能减排中起到了积极的作用。例如，绿色信贷机制的引入能够对高污染和高耗能行业的信贷投入进行有效控制，避免对低水平重复建设和投资的盲目跟风。这样一来，金融资源就能更加有针对性地支持发展节能环保产业，为节能减排提供更多的金融保障。

绿色金融市场在我国的发展带动了碳减排支持工具的应用和发展。碳减排支持工具的引入和运用有效带动了碳减排工作，使得我国在碳减排领域取得实质性进展，从而为节能减排提供了实际的支持和保障。

四、节能降碳与科技发展动力

(一)节能降碳科技的创新

随着科技的不断进步,新型节能材料的研发应用成为热点,这些材料在建筑、交通等领域的广泛使用,能够有效降低能耗,减少二氧化碳排放,对环境保护具有积极意义。另外,智能控制技术的应用成为当前的发展趋势,如智能家居系统、智能交通管理系统等,这些系统通过精细的智能控制,实现了对能源的高效利用,为节能减排提供了技术支持和保障。

新能源技术的不断创新成为节能减排的重要推动力量。例如,太阳能、风能等可再生能源的研发与应用不断取得突破,成为替代传统能源的重要选择,为减少化石能源消耗、降低碳排放做出了重要贡献。同时,高效能源利用技术的发展也十分重要,如新型的节能家电产品、智能制造技术等,为提高能源利用效率提供了有力支持,促进了经济可持续发展。

节能减排在国家政策的支持下,也在不断推动科技发展进步。国家在节能减排领域加大投入,加强政策扶持和指导,鼓励企业加大科技研发力度与技术创新,推动相关科技领域的发展和进步,为科技发展提供新的动力。同时,相关科研机构也在持续加强对节能减排科技创新的研究与实践,为实现可持续发展提供了技术保障和支撑。

(二)科技发展对节能降碳策略的推动

科技创新可以提供更高效的节能降碳解决方案,从而在实践中推动节能降碳工作深入开展。节能对推动技术进步起到了积极作用,在制造业内部,节能降耗促进了高新技术产业的发展,并抑制了高耗能、高污染行业的发展。因此,科技发展和节能降碳相互促进,形成了良性循环,加快了节能降碳的进程。

科技发展促进了环境质量的改善和经济可持续发展。节能降耗在第二产业内部同样促进了高新技术产业的发展,大幅提高了能效水平,从而降低了能源消费总量。这说明,科技发展在节能降碳过程中发挥着重要的促进作用,为经济可持续发展提供了重要动力。

科技发展可以加快技术创新和产业调整,推动环境保护和节能减排成为战略重点。加大对环境保护、循环经济以及节能减排技术的支持力度,鼓励发展高新技术产业，积极发展服务业，对高耗能、高耗水产业进行严格限制，建立有效的环保和节能型产业体系。这些举措需要依托科技发展，推动节能降碳工作深入开展，实现经济高质量发展。

科技发展可以促进产业结构升级和能源消耗量有效降低。科技创新可以有效改造传统产业，使其具有市场竞争力，从而降低污染物排放和能源消耗量。这表明，科技发展可以在节能降碳过程中发挥重要作用，为实现绿色低碳发展提供技术支撑。

政府在推动减碳过程中也在积极促进减碳研发和科学技术进步。科技创新可以建立资本和绿色低碳中间产品的联系，为减碳工作提供更多技术支持，促进节能降碳策略实施。因此，科技发展对节能降碳具有重要的推动意义，需要在政策和产业层面共同努力，实现绿色低碳发展目标。

第二章　能源消耗与碳排放

第一节　能源消耗与碳排放的影响因素

一、能源结构的演变及其影响

（一）能源结构的概念与分类

能源结构是指国家或地区能源资源的组成情况以及不同能源之间的比例和结构特征。

根据能源的来源和形态，能源结构可以分为化石能源结构和可再生能源结构两大类。化石能源结构主要包括煤炭、石油和天然气等传统能源，而可再生能源结构则包括水能、风能、太阳能等新型能源。根据能源的用途和形态，能源结构可以分为一次能源结构和终端能源结构。一次能源结构指的是未经加工利用的原始能源，而终端能源结构则指的是将一次能源经过加工转化后供人类社会直接利用的能源形态。

研究者一般将能源结构分为三大类，即一次能源结构、终端能源结构和重要能源结构。其中，一次能源指的是未经加工利用的基础能源，终端能源指的是最终供人类社会利用的能源形式，而重要能源则指的是国民经济中影响最为显著、需求量最大、资源集中程度最高的能源形式。这种分类不仅有利于对能源结构的理解和研究，也为能源政策的制定和调整提供了有力依据。

（二）国内外的能源结构

根据能源结构的演变及其影响，从国内外的角度对能源结构进行比较分析，可以发现不同国家或地区的能源结构存在显著差异。例如，我国的能源生产结构以煤炭为主，而其他国家则可能以石油或天然气为主。这种差异主要受到各国矿产资源储量结构的影响，因此在能源结构比较分析中，需要考虑国家资源储量的不同情况以及资源开发利用差异。

国内外能源结构的比较需要考虑到不同国家的能源消费结构和能源强度的

差异。世界各国的能源消费结构存在显著差异，这与各国的工业结构、生产方式和能源政策有关。同时，不同国家的能源强度水平也存在明显差异，这与国家的经济发展水平、能源利用效率等因素密切相关。因此，在比较分析中需要充分考虑到能源消费结构和能源强度的差别，从而全面地了解国内外能源结构的差异和影响因素。

国内外能源结构的比较还需要关注不同国家的政策因素对能源结构的影响。世界各国在能源政策方面存在政策导向差异，包括能源产业支持政策、能源消费政策、碳排放政策等方面的政策差异。这些政策因素对各国能源结构的形成和发展起着至关重要的作用，因此在能源结构比较分析中，需要充分考虑各国政策因素的差异及其对能源结构的影响。

二、经济发展与能源消耗的关系

（一）经济增长与能源需求

经济增长的"粗放式""高能耗""低能效"方式导致了能源消费规模急剧增加。据统计，中国的能源消费总量在过去几十年中呈近乎几百倍的增长趋势，由此形成了由"经济增长"到"能源消费"的作用机制。这表明，经济发展的快速推进对能源需求有着直接的影响，而能源消耗与经济发展之间的密切联系也在一定程度上决定了经济增长的可持续性。

能源消耗与碳排放的影响因素也包括能源结构、能源强度和经济发展等方面。研究发现，能源结构的变化对碳排放造成了一定程度的影响，而经济发展水平的不同直接影响着能源的需求和消耗。因此，随着经济的不断发展，能源消耗呈逐渐增加的趋势，这对碳排放的影响不容忽视。

人口规模是影响能源消耗的重要因素之一。中国是世界人口大国，人口规模对能源需求产生了巨大的压力。人口的增加导致了对能源的更多需求，进而加剧了能源消耗压力。因此，人口规模的持续增长对于能源需求、消耗和碳排放都产生了深远的影响，这需要引起各方高度重视。

政策因素在影响能源消耗和碳排放方面也发挥着重要的作用。政府的能源政策、环保政策和经济政策等对能源需求的控制和调控具有至关重要的意义。实施有效的政策措施，可以在一定程度上推动能源的节约利用，降低碳排放，减缓能源消耗对环境的压力，实现经济持续健康发展。

(二)经济结构变化与能耗特点

从经济结构变化与能耗特点的研究中可以看出,中国的经济增长对能源消耗具有显著的影响。随着经济的高速增长,能源消耗量在持续增加,这说明经济发展与能源消耗之间存在密切的关系。同时,产业结构调整也对能源消耗产生了影响。产业结构的变化可以直接影响产业能源消费结构,从而影响能源消耗的总体水平。

人口规模因素对能源消耗产生了一定的影响。随着人口的增加,对能源的需求会增加,从而推动能源消耗量增长。因此,人口规模的变化也应被纳入考虑范畴,作为影响能源消耗的重要因素。

政策因素在一定程度上影响着能源消耗的变化。针对能源消耗和碳排放问题的相关政策措施,可以对能源消耗产生积极的影响,从而影响能源消耗的总体水平和结构。因此,政策因素在能源消耗与碳排放的影响中发挥不容忽视的作用。

能源强度作为影响能源消耗的重要因素之一,也需要得到更多的关注。能源强度的变化不仅可以直接影响能源消耗的总体水平,还可以对碳排放产生影响。因此,能源强度的调整和改善对于控制能源消耗和碳排放具有重要意义。

(三)投资规模与能源消耗

投资规模对能源消耗具有显著影响,呈现出正向作用。经济发展规模的扩大能够促进投资规模的增加,从而导致更多的能源被消耗。研究表明,投资规模的扩大会刺激对能源的需求,特别是能源密集型产业,对煤、石油等不可再生能源的需求显著增加,会进一步加剧碳排放的问题。

投资规模的变化会对能源强度产生相应影响。由于投资规模的扩大往往伴随产业技术水平的提升和更新换代,这在一定程度上会减缓能源强度的增长。同时,不能忽视投资规模的增加对于能源消耗的刺激,尤其是在短期内,投资规模的增加可能会带来能源消耗的剧烈增长,从而加大了对环境的负面影响。

投资规模的变化还可能对能源结构产生一定影响。在投资规模扩大过程中,新的能源利用技术和设备会得到更广泛的应用,从而促进清洁能源在能源结构中的比重增加,减少对传统化石能源的依赖,这有助于降低碳排放。投资规模的增加也会导致能源结构扭曲,使传统化石能源在能源结构中的比重难以改变,从而加剧了碳排放问题。

(四)经济政策对能源消耗的影响

研究结果表明,经济政策对碳排放强度的影响随着时间的变化而变化,这主要是因为经济政策在不同阶段对能源消耗的影响存在差异。具体来说,经济政策在终端能源政策方面总体上有利于降低碳排放强度,这意味着终端能源政策在一定程度上有助于减少能源消耗和碳排放。然而,产业的发展变化却促进了碳排放强度的升高,这表明高耗能产业在发展过程中仍处于成长阶段。

经济政策通过对产业结构和能源消耗方式的调整,影响着能耗水平和碳排放强度。在初期,经济政策对产业发展的变化产生了影响,有利于降低碳排放强度。但随着产业结构的调整和变化,高耗能产业仍处于成长发展期,这意味着产业发展变化在一定程度上会促进碳排放强度升高。

三、人口因素对能源与环境的作用

(一)人口规模变化趋势

人口规模和家庭户数扩大是我国碳排放增长的一个原因,尽管人口增长所致的碳排放增加远小于能源强度下降所致的碳排放量减少。尽管我国人口自然增长率呈平稳下降趋势,并且生育率大大低于更替水平,但由于人口基数大,人口规模继续扩大,同时家庭户规模在减小,家庭户数量增幅远高于同期人口数量增幅。因此,人口规模扩大和家庭户数量增长仍然是中国碳排放增长不容忽视的主要因素。

从农业人口的角度看,其对碳排放的影响并不明显。虽然农业人口数量的变化可能在一定程度上影响碳排放,但在社会和经济发展过程中,能源价格上涨以及农民的低碳意识逐步增强,促使农民在生产和生活中更加注重节约能源,从而在一定程度上降低了对二氧化碳的排放。

(二)人口结构与能耗强度

研究表明,人口规模的增加会导致能源消耗和碳排放量的增加,从而对环境产生负面影响。因此,在制定能源政策和环境保护措施时,需要充分考虑人口规模因素的影响。

人口结构对能耗强度具有一定影响。随着人口的老龄化和城市化程度的提高,能源消耗强度呈不同的变化趋势。一些研究指出,老龄化人口和城市化程度的增加会对能源消耗强度产生很大的影响,从而影响碳排放水平。因此,需要在能源规划和发展中充分考虑人口结构的特点,以提高能源利用效率和减少碳排放。

人口的迁移和流动会对能耗强度产生影响。特别是在城市化进程中,人口流动将对城市能源消耗产生较大影响。人口流动会加剧城市能源消耗,从而对碳排放产生负面影响。因此,在城市规划和建设中,需要考虑人口流动对能源消耗的影响,采取有效措施减少碳排放。

人口受教育水平和生育政策也会对能源消耗强度产生一定影响。教育水平的提高会影响人们对能源利用的理念和方式,从而减少能源消耗强度和碳排放。同时,生育政策的实施将影响人口规模和结构,从而对能源消耗和碳排放产生影响。因此,在制定相关政策时,需要充分考虑人口教育和生育政策的影响。

(三)城乡人口动态与能源需求

随着城市化进程的加快,城镇人口数量不断增加,从而带动了能源消费需求的增长。统计数据显示,城市居民的人均能源消费量是农村居民的3倍,这直接导致了能源需求的增加,对碳排放产生了显著的影响。

人口规模的增加对能源消费和碳排放产生了一定的影响。人口规模增加对能源消费碳排放起着微弱的正向影响,累积贡献率相对较小,说明人口规模变动对能源消费碳排放的拉动作用相对较弱。

在城乡人口动态方面,城市化进程的不断推进要求大规模的城市基础设施建设和住房供给,这无疑增加了能源的需求和消耗。因此,城乡人口动态在一定程度上影响着能源需求和碳排放的演变特征,而人口数量的增加伴随消费需求的增加,增加对能源的需求,从而导致碳排放量的增加,进而使环境压力增大。人口增长也与能源消费模式的变化密切相关。人口规模在不同地区对能源需求和消费模式都会产生不同程度的影响,这需要结合实际情况制定相关政策进行调控。

(四)人口老龄化对能源消耗的潜在影响

研究表明,人口规模的增加对能源消费碳排放具有微弱的正向影响,而人口老龄化将对这一影响产生更为显著的潜在影响。人口老龄化程度的提高,将会导致劳动人口减少，这会导致经济发展和能源消费模式的变化，从而影响能源消耗和碳排放的水平。

人口老龄化可能对能源结构和能源利用效率产生影响。随着老年人口的增加，对于清洁能源的需求可能会增加，同时由于老年人口生活方式的变化，对于能源消费的需求也可能会有所调整。因此，人口老龄化可能会导致能源结构的变化，从而影响能源消耗和碳排放的水平。

人口老龄化可能对政策的制定产生影响。随着老年人口数量的增加，政府可能会出台更多关于能源消耗和环境保护方面的政策，以适应老年人口的需求和环境保护的要求。这将进一步影响能源消耗和碳排放的水平。

人口老龄化还可能对能源消耗和碳排放的地区分布产生影响。老年人口的增加，可能会引起能源消耗和碳排放的地区分布产生变化，这将对能源资源的供给和环境保护产生影响，进而影响能源消耗和碳排放的水平。

四、政策因素在能源与环境中的作用

（一）能源政策演进与实施

政府应通过适当的宏观调控政策来引导和促进工业内部产业结构调整，降低高耗能行业比重，提高低耗能行业比重。政府还应限制那些单位 GDP 碳排放量大、碳排放减少速度慢的工业行业发展，鼓励发展那些碳排放量小、随着 GDP 增加而碳排放减少速度较快的行业。这些举措将有助于降低碳排放和能源消耗，实现能源政策的良好实施。

政府应加大科研投入，引入先进技术，开展技术创新，以支持低碳经济发展，减少碳排放。政府在能源政策的制定和实施过程中应加强对科研领域的支持与引导，从而推动技术创新，降低能源消耗和碳排放。

政府需要通过政策手段来引导人口规模对能源消耗和碳排放的影响。随着人口数量的增加，能源消费碳排放的人口规模效应逐年增加。因此，政府需要在能源政策中强调人口素质的提高，加大力度宣传低碳消费思想，引导居民消费模式向可持续性消费方向发展。政府还需要促进资源循环利用，提高资源利用效率，从而抵消人口数量增加对碳排放的影响。

（二）碳排放政策与市场机制

政府的宏观调控政策可以通过制定碳排放法律法规、技术标准、碳交易等措施，来引导企业实施节能减排，从而降低碳排放量。同时，政府还可以通过设置碳排放的企业准入门槛，限制高碳排放行业发展，鼓励低碳排放行业生产，从而引导产业结构向低碳方向转变。

市场机制在碳排放控制中也起着重要作用。碳交易作为一种市场化手段，可以通过碳排放额度进行交易，引导企业自主选择更加清洁和节能的生产方式，从而有效控制碳排放。而且，市场价格机制能够激励企业主动降低碳排放成本，提高能源利用效率，加快技术创新与更新，推动低碳经济发展。因此，政策因素与市场机制在碳排放控制中相辅相成，共同推动碳排放量的降低和碳排放政策的实施。

针对碳排放政策与市场机制，政府可以采取一系列积极措施。首先，应当建立健全的碳排放法律法规体系，包括碳排放的限额管理、碳交易市场的建设、碳排放准入机制等，营造良好的政策环境。其次，政府可以通过税收和财政政策，对碳排放量高的行业和企业实施税收和财政激励，引导企业减少碳排放，推动低碳技术的研发和应用。政府还可以加大对碳排放减少与清洁能源利用的资金支持力度，鼓励企业积极投入节能减排领域，从而推动碳排放政策落实与市场机制有效运行。

政策因素与市场机制的有效结合还需要适应不同领域和不同企业的需求。政府应当根据不同行业和企业的碳排放情况和特点，制定相应的细化政策，包括针对高碳排放行业的限制性政策、对低碳排放行业的扶持政策等，以便更好地引导不同领域的碳排放控制。同时，政府应不断完善碳排放监管体系，加强对企业碳排放数据的收集和监测，确保政策执行效果和市场机制有效运作。

（三）能效标准与节能减排

研究发现，能源消耗和碳排放的影响因素中，能源结构调整是一个重要因素。改变能源结构，降低一次能源中高碳能源的比例，可以有效降低碳排放强度，从而实现节能减排的目标。因此，制定并实施能效标准是至关重要的，能效标准的提高可以促进能源消耗结构优化，减少高碳能源的使用，从而达到降低碳排放的效果。

在实施节能减排政策过程中，科学合理的能源强度控制十分关键。研究结果显示，能源强度的降低是抑制碳排放增长的重要因素。因此，针对不同行业和地区的能源强度，制定相应的节能减排政策，积极推动能源消耗结构转型和升级，实现节能减排的目标。

为了更好地实施能效标准和节能减排政策，政府在人口规模方面应有相应考虑。人口规模的增长会直接影响到能源消耗和碳排放情况，因此政府需要通过人口政策进行引导，实现人口规模与能源消耗平衡，为能效标准和节能减排政策的实施提供更好的基础。

（四）环境政策对能源结构的引导

环境政策对能源结构的引导对于降低碳排放具有重要作用。一方面，政策引导可以促使能源消费结构中清洁能源的比例得到提高，从而降低碳排放强度；另一方面，政策扶持和投资力度的加强可以推动新能源和可再生能源发展，从而改变能源结构，降低高碳能源的比例，提高清洁能源的比例。

环境政策对能源结构的引导可以通过对能源效率的要求和促进，提高能源的利用效率，减少能源消耗，从而减少碳排放量。在不同时期，政策对能源效率的要求和推动都对降低碳排放起到了促进作用，这证明了环境政策的有效性。

政策引导可以通过对能源结构和能源效率的调整，改变能源消费结构，降低一次能源中高碳能源的比例，提高清洁能源的使用比例，从而降低整体的碳排放。这说明政策对于指导和调整能源结构具有重要作用。

政策引导还可以通过开发利用清洁能源、优化能源结构的方式，来减少对高碳能源的依赖，从而减少碳排放强度。这种政策引导对于降低碳排放和改善环境质量具有非常重要的意义。

第二节 能源消耗与碳排放的关系

一、能源消耗对碳排放的直接贡献

（一）能源消耗的碳排放特征

能源消耗是二氧化碳排放的主要源头之一，尤其是煤炭的使用所产生的排放量最大，占二氧化碳排放量的绝大部分，这与能源消费结构有着密切的关系。能源消耗结构也对碳排放产生重要影响，不同能源的碳排放强度不同，因此能源消耗结构调整会直接影响碳排放总量。具体来说，煤炭的排放量最大，而石油和天然气次之。这说明能源消耗结构的变化可能会导致碳排放总量的变化。

随着能源转换效率的提高，碳排放会相应地减少。因此，提高能源利用效率可以有效地降低碳排放量，从而实现低碳目标。因此，提高能源消耗效率是减少碳排放的重要途径之一。能源消耗与碳排放之间还相互影响。例如，能源消耗的增加可能会导致碳排放的增加，而碳排放的减少也可能会促进能源消耗的减少。因此，在制定碳减排政策时需要考虑到能源消耗和碳排放之间的相互作用关系，以实现能源消耗和碳排放双降低。

（二）行业能源消耗与碳排放的关系

研究发现，行业能源消耗对碳排放有着直接的贡献，其中第二产业比重较大，电力、工业以及交通运输等能源密集型行业的碳排放强度较高，从而对能源消耗碳排放变动具有重要影响。同时，能源消耗结构也对碳排放产生影响，不同化石能源在利用过程中有不同的碳排放因子，导致能源消耗结构变化会引起碳排放量差异。

能源消耗效率与碳排放之间存在密切的关系。研究表明，提高能源消耗效率通常被认为是减少全球变暖和支持可持续增长的最具成本效益和可扩展性的方法之一。因此，提高行业能源消耗效率对减少碳排放具有重要意义。

行业能源消耗与碳排放也相互影响。一方面，碳排放的减少需要改变经济结构，减少能源密集型产业比重，提高清洁能源利用比例，从而影响行业能源消耗；另一方面，行业能源消耗的增加会直接导致碳排放量增加。

从长期来看，不同经济发展阶段会对行业能源消耗与碳排放产生不同影响。不同经济发展阶段的国家，对于行业能源消耗与碳排放的关系会存在差异性，需要根据实际情况进行有针对性地分析和调整。因此，对不同经济发展阶段的国家进行研究，可以得出不同阶段行业能源消耗与碳排放的具体关系，为控制能源消耗和碳排放提供更为准确、精细的方案。

二、能源消耗结构对碳排放的影响

（一）能源结构演变对碳排放的作用

研究结果显示，能源结构效应对碳排放表现出较小的负效应，贡献率波动较大，说明能源结构的变化对碳排放的影响较小。能源结构的演变对碳排放的作用是显著的，能源强度的下降减弱了经济发展对碳排放的促进作用。

火电生产初始能源的利用率正在不断提高，而火电的碳排放高于其他能源的碳排放，如煤电高于油电、气电，火电高于核电、水电和风电。由此可见，能源结构的变化对碳排放产生了一定的影响。

能源结构的演变也会影响能源效率，从而影响碳排放。研究发现，能源结构的改变可能导致能源效率发生变化，而能源效率对抑制碳排放总量的效果并不显著，使碳排放总量的上升趋势进一步加快。因此，能源结构演变对碳排放具有复杂且深远的影响，需要全面考虑各种因素的相互作用。

能源结构的演变对碳排放的作用是多方面的。虽然能源强度下降减弱了经济发展对碳排放的促进作用，但是能源结构的变化对碳排放产生了一定的影响。能源结构对能源效率的影响也不容忽视，需要综合考虑各种因素的相互关系，以有效降低碳排放。

(二)清洁能源的碳减排效益

研究表明，使用清洁能源可以有效减少对传统高碳排放能源的依赖，从而降低直接能耗的碳排放量，达到减排效果。尤其是在城镇居民生活中，逐渐增加清洁能源的使用比重，如太阳能、风能等，可以明显降低生活能源消费带来的碳排放，为碳减排做出重要贡献。

使用清洁能源不仅可以减少碳排放，还能够改善能源消耗结构，降低对传统高碳排放能源的需求。清洁能源的增加会促使能源结构优化，提高优质能源的用量和份额，减少对传统能源的依赖，从而降低直接能耗和碳排放的规模，为碳减排提供有力支持。

使用清洁能源可以提升能源消耗效率，在减少碳排放的同时更有效地利用能源资源。普及清洁能源，可以提高能源利用效率，降低单位能源消耗带来的碳排放量，为减少能源消耗和有效降低碳排放提供技术支持。

(三)能源转型与碳排放策略

能源转型可以通过改变能源结构减少碳排放实现。研究表明，煤炭和石油等化石燃料是主要的碳排放源，因此转向清洁能源，如太阳能、风能和水能等，可以有效降低碳排放量。

提高能源利用效率。升级技术和设备，可以大幅提高能源利用效率，减少单位能源消耗所产生的碳排放，促进能源消耗与碳排放相互影响。

政府应制定相关政策，鼓励发展清洁能源。例如，通过提供补贴和优惠政策，鼓励企业和个人采用清洁能源，加快能源结构调整，降低碳排放。加大对科研项目的资助力度，推动清洁能源技术的研发和应用，也是促进能源转型与降低碳排放的重要举措。

应加强对能源消耗与碳排放数据的监测和分析。及时了解能源消耗的动态变化和碳排放的具体情况，有助于制定更科学、更有效的能源转型与碳排放策略。同时，建立健全的制度和政策体系，加强监管和考核，促使企业和居民积极参与能源转型，降低碳排放。

推进能源消耗结构优化升级。注重技术创新和产业升级，加快替代传统高碳能源，推动各行业和领域绿色发展，降低碳排放。同时，加强国际合作，吸收和借鉴其他国家先进经验，促进全球能源转型与碳排放管理水平的提升，共同应对全球气候变化挑战。

三、能源消耗效率与碳排放的关系

（一）能源消耗效率的概念与评价

能源消耗效率是指单位能源消耗所产生的产出或效益，是衡量能源利用效率的重要指标。评价能源消耗效率通常可以从能源利用率、能源转换效率和能源利用结构等方面进行综合评估。大多数国家和地区都在不断提高能源消耗效率的同时，减少对环境的影响，特别是减少对大气环境的影响，尤其是减少温室气体的排放。

为了更好地评价能源消耗效率对碳排放的影响，需要综合考虑能源消耗效率的概念和评价方法。在选择评价方法时，应当结合本国实际情况，进行综合评估，充分考虑能源消耗结构和消耗效率的改进空间，以制定更为有效的能源消耗政策和措施。

（二）提升能源消耗效率，降低碳排放

根据研究结果，提高能源消耗效率可以有效降低碳排放量，同时减少对环境的不良影响。因此，提高能源消耗效率是实现碳减排和可持续发展的重要途径之一。

优化能源消耗结构会对碳排放产生重要影响。研究指出，能源消耗结构会影响碳排放的增减趋势，从而影响环境的可持续性和气候变化。因此，调整和优化

能源消耗结构，实现向清洁能源转型，会对减少碳排放产生积极作用。

提高能源消耗效率与碳排放密切相关。研究表明，提高能源消耗效率，可以降低单位能源消耗所产生的碳排放量，从而减少对环境的污染和影响。因此，积极采取措施提高能源消耗效率是降低碳排放的重要手段之一。

通过提升能源消耗效率来降低碳排放，需要综合考虑各种因素的影响。除了技术因素外，政策、经济和社会因素也会对能源消耗效率和碳排放产生影响，因此在制定相关政策和措施时，需要综合考虑多方面的因素。

(三)效率提升路径与碳排放弹性

以往的研究表明，提高能源消耗效率可以有效降低碳排放量，从而对减缓气候变化起到积极作用。在提高能源消耗效率方面，有几条路径可以采用。首先，提高食品消费相关行业的能源利用效率，可以有效降低食品消费间接能源消费的碳排放量，这为引导可持续的家庭消费模式提供了科学依据。其次，食品生产、加工环节碳排放量的减少取决于该环节能源利用率的大幅度提高，这需要加强食品生产和加工环节的能源利用效率，以减少碳排放。

能源消耗结构会对碳排放产生影响。在中国的实证研究中发现，改善能源消费结构，增加低碳能源比重，积极发展新能源，如太阳能和风能等，可以有效抑制碳排放过快增加，从而实现可持续发展。因此，对于不同的国家和地区来说，调整能源消耗结构对降低碳排放量具有重要的现实意义。

能源消耗与碳排放相互影响。中国城镇居民生活能耗与碳排放动态特征的研究，指出了直接能源消耗和碳排放的增长趋势以及间接能源消耗和碳排放的波动情况。这表明，能源消耗与碳排放之间存在复杂的关系，需要深入研究不同因素对碳排放产生的具体影响。

第三节　低碳能源的发展与应用

一、低碳能源分类概述

(一)低碳能源的基本概念

低碳能源是指在生产、输配、利用全过程中温室气体排放较少或者无温室气体排放的能源。从能源分类角度来看，低碳能源包括可再生能源和清洁化石能源两大类。可再生能源包括风能、太阳能、水能、生物质能等，这些能源在利用过程中几乎不产生温室气体排放，因此被认为是典型的低碳能源。清洁化石能源主要包括天然气、清洁煤等，相比传统煤炭、石油等传统化石能源，这些能源在利用过程中能够减少温室气体排放，也属于低碳能源的范畴。

（二）低碳能源的主要类别

低碳能源的主要类别包括新能源和可再生能源。新能源主要是指那些尚未得到充分开发利用的能源，如风能、太阳能和潮汐能等，其利用对环境影响相对较小，有利于降低温室气体排放和减少环境污染。可再生能源是指利用过程中能够自我更新的能源，如水能、生物能和地热能等，其利用不会耗尽资源，对环境影响也相对较小，有利于可持续发展和生态环境保护。

（三）低碳能源与传统能源的区分

在能源类型上，传统能源主要包括煤炭、石油和天然气等化石能源，而低碳能源则主要包括风能、太阳能、水能和生物能等可再生能源以及核能等清洁能源。从能源的来源和开采过程来看，传统能源通常需要通过矿石开采或燃烧化石燃料来获取，而低碳能源则多依赖于自然资源，如风能、太阳能等是通过自然风、日照等能源直接转换而来的。

在能源生产过程中，传统能源往往伴随较大的环境污染和能效低下的问题，如煤炭燃烧会产生大量的二氧化硫和灰尘等污染物；而低碳能源在生产过程中则对环境的影响较小且有着较高的能效，如风能、太阳能等在生产过程中几乎不会排放污染物，且能源转换效率高，能够更有效地利用自然资源。

从能源使用效果来看，传统能源在使用过程中会显著增加二氧化碳和其他温室气体的排放，对气候变化等环境问题产生负面影响；而采用低碳能源则能够显著减少温室气体排放，对缓解气候变化有着积极作用。因此，低碳能源与传统能源在能源类型、生产过程和使用效果等方面都表现出了明显的区别，也凸显了低碳能源的环保优势。

在发展阶段上，传统能源已经进入成熟阶段，但其开采成本逐渐增加，同时环境压力不断加大；而低碳能源尚处于不断探索和发展阶段，随着技术的进步和产业规模的扩大，其成本会逐渐下降，竞争力不断增强。低碳能源的发展与应用不仅能够实现较好的经济效益，也能够减少对环境的影响，是未来能源发展的重要方向。

二、低碳能源与传统能源的比较

（一）能源性能对比

在能源利用效率方面，低碳能源如风能、太阳能和潮汐能等相对传统能源具有更高的能源利用效率，这是由于低碳能源的转化过程更加直接和高效，减少了能源浪费和损耗，提高了整体的能源利用效率。

在能源密度方面，传统能源如煤炭、石油和天然气等具有较高的能源密度，而低碳能源的能源密度相对较低，这意味着在同等能量输出的情况下，低碳能源所需的空间更大，可能需要更多的设备和投资。

对于能源的可再生性和持续性，低碳能源相对传统能源更具优势。低碳能源主要是利用可再生资源，如太阳能、风能等，因此具有更强的可再生能力，能够不断地获取能源。相比之下，传统能源如煤炭、石油和天然气是不可再生资源，其消耗是不可逆转的，因此在长期发展和持续利用方面存在较大挑战。

（二）环境影响对比

在对比分析低碳能源与传统能源对环境的影响时，研究发现低碳能源在开采、加工和利用过程中产生的碳排放要远远低于传统能源，这是因为低碳能源所使用的新能源（如风能、太阳能、潮汐能等）在利用自然能源的同时，也减少了对环境的损害，从而降低了温室气体的排放量。

低碳能源的发展阶段也对环境产生了积极影响。虽然目前低碳能源的应用仍处于发展初期阶段，但由于大力推广新能源利用和技术创新，低碳能源的环境效益逐渐显现出来。

低碳能源对环境的影响与传统能源相比具有明显的优势，尤其是在碳排放减少、碳强度降低以及经济效益方面。因此，大力发展低碳能源、提高其在能源结构中的比重，将有利于减少环境污染，降低温室气体排放，促进可持续发展战略的实施。而在低碳能源应用的经济效益与环境效益方面，研究认为，实施低碳能源可以减轻能源短缺，增加能源安全性，降低能源消耗对环境的影响，同时也能够带动相关产业发展，创造就业机会，促进经济持续稳定发展，进而实现经济效益与环境效益双赢。

低碳能源在应对气候变化、减少温室气体排放方面也发挥了不容忽视的作用。研究指出,低碳能源在经济发展过程中能够实现能源消耗的低碳排放,同时也有利于应对气候变暖等全球变化问题,为未来能源结构调整和环境保护提供有力支持。

(三)经济成本的横向对比

低碳能源与传统能源在经济成本方面存在显著差异。以可再生能源为代表的低碳能源在初期投入成本较高,如 IGCC 示范电站的投资为每千瓦 1 万余元,比常规火电站高出一倍多。而传统能源的投资成本相对较低,这导致传统能源在经济上具有一定的竞争优势。低碳能源的发电成本也相对较高,特别是可再生能源发电成本,目前高于常规能源发电成本,因此低碳能源在市场上的竞争力较弱。这表明低碳能源在初期投入和使用阶段具有较大的经济成本压力,且其在经济上还存在一定的挑战。

值得注意的是,尽管低碳能源在初期投入成本方面存在较高的经济成本,但从长远来看,低碳能源的经济效益和环境效益具有较大的潜力。例如,尽管可再生能源发电成本高于常规能源的,但是市场发展依靠政府给予的优惠政策,激励政策的变化对可再生能源市场的影响巨大。这一政策倾斜有助于降低低碳能源的使用门槛,进一步促进低碳能源应用,从而推动低碳能源在经济效益和环境效益方面发展。

低碳能源的发展阶段也影响着其经济成本的横向对比。随着科技的进步和日益成熟的产业链,低碳能源的生产成本和使用成本逐渐下降,如风能、太阳能等能源的生产成本逐渐降低,从而提高了低碳能源的竞争力和经济效益。因此,在低碳能源不断发展壮大的过程中,其经济成本将逐步得到有效控制和优化,从而提升其在经济上的吸引力和可持续发展能力。

三、低碳能源现状与面临的挑战

(一)低碳能源技术现状

当前,低碳能源主要包括太阳能、风能、地热能和生物质能等几大类别。以太阳能为例,我国目前已经建成了大量的太阳能电站,利用光伏技术将太阳能转化为电能，为我国电力系统注入了清洁能源，促进了能源结构优化和国家环保产业发展。同时，风能作为另一种重要的低碳能源，风电技术在中国也得到了迅速发展，风电装机容量持续增长，已成为中国最具发展潜力的清洁能源之一。

低碳能源与传统能源相比具有许多优势。在环保方面，低碳能源的利用可以大幅减少二氧化碳等温室气体的排放，有效改善大气污染，减缓全球变暖的趋势。而在经济效益上，低碳能源的成本在不断降低，与传统能源相比，具有更为长远的经济回报，对能源可持续发展起到了积极的推动作用。

我国已进入了低碳能源发展的成熟期。特别是在太阳能和风能领域，我国已建成了大量成熟的低碳能源项目，技术和设备水平得到了长足的提升，具备了规模化应用的条件。生物质能和地热能等新型低碳能源技术也不断得到研究和应用，这预示着低碳能源技术的发展将呈多元化趋势。

低碳能源的应用不仅符合环境效益需求，同时也具有经济效益。以太阳能光伏发电为例，随着光伏技术的进步和成本的下降，光伏发电收益率不断提高，其成为吸引投资的热点领域。我国多地光伏项目的建设均取得了明显的经济效益，并为未来的能源转型积累了丰富的经验。低碳能源技术还需要不断优化和创新。低碳能源技术发展尽管已经取得了长足的进步，但仍存在技术成本高、转化效率低等问题，需要加大科技创新力度，提高技术水平，降低能源生产成本，以更好地满足我国能源需求和环保要求。

(二)低碳能源技术面临的挑战

1.低碳能源技术的成熟度和可行性问题

目前，一些低碳能源技术尚不成熟，还需要进一步研发和改进，以提高其能源转换效率和降低成本，从而更好地满足能源需求并减少碳排放。

2.低碳能源的储存和输送

在低碳能源领域，如太阳能和风能等可再生能源，存在能源获取位置分散、波动性大的特点，因此需要解决储存和输送的技术问题。当前，尚缺乏成熟的储能和输电技术，这需要更多的投入和研究来解决。

3.低碳能源的经济成本

部分低碳能源技术的投资成本仍然较高，使得其在市场上难以与传统能源竞争。同时，也需要考虑低碳能源的运营和维护成本，这需要政府和企业进行深入的研究和探索，以降低低碳能源的经济成本并提高其市场竞争力。

4. 低碳能源技术的市场化和产业化

目前，市场上缺乏完善的低碳能源产业链，低碳能源技术的市场化和产业化仍面临一定的困难。因此，政府和企业需要加大对低碳能源产业的支持力度，加快低碳能源技术的市场化和产业化进程。

5. 低碳能源的可持续发展

虽然低碳能源对环境友好，但在实际应用过程中也存在一定的环境影响，如光伏电池的生产过程可能会产生一些污染物。因此，需要在低碳能源发展过程中加强环境保护工作，确保低碳能源的可持续发展和环境友好。

6. 政策和法律法规的支持

一些地区尚缺乏完善的低碳能源政策和法律法规，在低碳能源发展过程中存在政策支持不足的问题。因此，需要加强对低碳能源政策和法律法规的研究和制定，以更好地推动低碳能源的发展和应用。

四、低碳能源应用的经济效益与环境效益

（一）低碳能源的经济效益分析

低碳能源的经济效益分析是对低碳能源在应用过程中所带来的经济收益进行全面评估和分析的过程。研究显示，应用低碳能源可以带来显著的经济效益，其中主要体现在降低能源消耗成本和提高能源利用效率上。对比分析传统能源和低碳能源的成本和效益，可以得出低碳能源在经济上的优势体现为长期运行中的较低运营成本和更加稳定的价格。

低碳能源的经济效益表现在其产业发展潜力方面。研究发现，低碳能源产业在技术创新、产业链延伸以及市场需求拓展等方面具有相当大的发展潜力，从而催生出更多的就业机会和经济增长点。应用低碳能源也有助于降低对进口能源的依赖程度，从而减少能源安全风险。

低碳能源的经济效益可以从环境效益的角度来衡量。研究发现，低碳能源可

以显著降低大气污染物的排放量，减少环境污染带来的治理成本和健康风险。同时，应用低碳能源也可以降低对生态环境的破坏，减少对环境修复的投入和生态保护成本。这些环境效益也会进一步为社会经济带来实质性的节约和收益。

对于低碳能源的经济效益分析，还应该考虑到其长期效益。研究显示，应用低碳能源可以为国家未来能源消费结构调整提供重要支持，从而降低对进口能源价格波动的敏感度，增强国家能源安全。并且，低碳能源的产业支持和技术创新有助于提升国家未来产业竞争力，促进国民经济可持续发展。

（二）低碳能源的环境效益评估

低碳能源的环境效益评估是指评估和分析采用低碳能源后对环境产生的积极影响。

低碳能源相对于传统能源具有较低的排放水平，如使用风能和太阳能发电过程中几乎不产生二氧化碳排放，这对减少大气中的温室气体具有重要意义。而且，利用低碳能源可以减少对化石燃料资源的依赖，降低对自然资源的破坏，进一步减轻了环境压力，为生态环境保护和修复提供了有力支持。

低碳能源的环境效益体现在能源生产和利用过程中对水资源的保护方面。相较于传统能源，低碳能源在生产过程中不会产生大量的废水和废渣，不会对地下水和地表水造成污染，保护了水资源安全和清洁。使用低碳能源也可以减少温室气体排放对全球气候变化的影响，降低全球气候变暖风险，减少极端天气事件的发生，有利于人类社会可持续发展和生存。

低碳能源在使用过程中对土壤和生物多样性的保护也具有重要意义。传统能源在开采和利用过程中可能会对土壤造成污染和破坏，导致土地退化和生态系统紊乱，而利用低碳能源可以减少这些负面影响，有利于维护土壤的肥沃和生物多样性的持续稳定。因此，从环境效益的角度来看，低碳能源的应用对于促进生态环境平衡和稳定具有重要作用。

低碳能源的环境效益评估还需要考虑其对海洋环境的影响。传统能源在开采和利用过程中可能导致海洋生态系统破坏和海洋污染，而利用低碳能源可以减少这些负面影响，有利于海洋生态环境的保护和恢复。因此，在评估低碳能源的环境效益时，需要全面考虑其对海洋环境的积极影响，为海洋生态系统可持续发展提供支持。

第三章　节能降碳技术及其应用

第一节　节能降碳技术的应用领域

一、在工业领域的应用

（一）工业生产节能技术

工业生产节能技术是指在工业生产和制造过程中采用各种技术手段，以降低能源消耗、提高资源利用效率为主要目标的一系列技术措施。其中，余热利用技术是一种常见的节能技术，在工业生产中应用广泛。收集和利用工业生产中产生的余热能量，将余热能转化为热水或蒸汽等形式，实现能源的再利用和能效的提升，从而降低能源消耗和减少二氧化碳排放。

在工业生产过程中，采用先进的设备和技术是节能的重要手段。例如，采用节能型专用锅炉可以提高锅炉的热效率，减少能源损耗和浪费，从而降低能源消耗和减少碳排放。同时，推动企业技术创新，将传统工艺与现代技术有效结合，在工业生产中不断强化技术整合和应用，是实现节能降碳的重要途径。

改善工业生产过程中的能源结构，也可以实现节能降碳的目标。例如，采用清洁能源替代传统能源，如风能、太阳能等，可以有效降低对传统能源的依赖，减少温室气体排放，达到节能减碳的效果。

在工业生产过程中，合理利用信息技术和智能化技术也是实现节能的有效途径。实施智能化监控、自动化调控等技术手段，可以对工业生产过程进行精细化管理，实现对能源的精准控制和优化利用，从而达到节能减碳的效果。

加强企业管理和人员培训是工业生产节能的重要环节。通过加强能源管理，优化生产流程，推广节能文化，培训员工等方式，企业可以提高工业生产的节能意识和能力，从而有效降低能源消耗和减少碳排放，实现节能降碳的目标。

（二）碳排放管理与优化

优化生产工艺和管理措施，可以有效减少工业生产过程中产生的碳排放量。

例如,采用先进的节能设备和工艺,可以降低能源消耗,减少碳排放。加强管理监控,建立完善的碳排放核算和监测体系,对工业碳排放进行精准管理和优化是减少碳排放的关键措施之一。

在实际工业生产过程中,对于碳排放的管理与优化需要多方合作。企业需要加强内部管理,加大对节能技术的投入和应用,同时政府应制定相应政策,加大对碳排放管理的监管和支持力度,并确保相关政策措施的有效实施。建立行业间的碳排放数据共享平台,促进碳排放信息的交流和共享,也是推动碳排放管理与优化的重要手段之一。

碳排放管理与优化还需要在技术创新方面不断加强。采用先进的信息技术手段,推动工业生产自动化、智能化,在提高生产效率的同时减少碳排放。加大对清洁生产技术的研发和应用,推动低碳技术在工业生产中得到广泛应用,对于碳排放管理与优化具有积极的推动作用。

(三)成功案例分析

1.绿色建筑的空调系统优化应用

某建筑在展览空间采用多联机空调系统,在功能房间采用分体机。多联机空调系统具有较高的能效指标与热回收效率,能有效减少能源损耗。将分体机应用在功能房间,有利于根据不同房间的需求实现精细化控制,进一步提高能源利用效率。由这一案例的分析可以得出,在建筑节能方面,合理选择空调系统,并根据不同空间的需求进行优化配置是非常重要的。

2.节能光照技术在绿色建筑中的应用

建筑工程的居住与使用对电力能源的需求量较高,其中建筑光源是电力能源消耗的重要环节。因此,绿色建筑中采取有效的节能光照技术,包括合理选择照明光源、优化照度分布和有效控制照明时间,就能达到节能效果。在某高校新校区绿色建筑实践中,应用这些节能光照技术有效提高了照明能源的利用效果,减少了电力能源消耗,也为其他建筑节能改造提供了有益借鉴。

3.节能降耗技术在电厂锅炉运行中的应用

在电厂锅炉运行中,应用节能降耗技术可以明显提升电厂的运行效率。具体应用包括使用节能型专用锅炉和将传统锅炉与现代技术进行有效结合,以实现节能降耗的目标，并推动企业可持续发展。这些措施不仅有效提升了电厂的运行效率，还推动了企业技术创新，为电厂的可持续发展做出了积极贡献。

4. 建筑节能助力“碳达峰、碳中和”

在工业领域中，利用建筑节能保温技术改造农房围护结构，可以实现节约用能的清洁取暖投资模式。具体实践中，初装改造既清洁供热，又通过建筑节能保温技术改造农房围护结构，使运行环节不需补贴，节省运行费用。这一成功案例表明，建筑节能在工业领域的实际应用可以实现节约用能，推动清洁取暖投资模式发展。

5. 节能技术在城建施工中的应用

在城建施工中，应用节能降耗技术，可以减少对环境的影响，有利于城市可持续发展。具体措施是改善建筑材料的运用，提升散热速度，这有利于城市有效发展。应用这些技术不仅改善了城市环境，还推动了城市可持续发展的进程。

6. 节能技术在工民建施工中的应用

在工民建施工中，对制冷及制热系统进行优化设计和区分不同材质，可以有效减少能源消耗。同时，在建筑围护结构方面，选用具备节能功能的墙体，使能源消耗量得到控制和减少。这些成功案例充分表明，节能技术在工民建施工中的应用研究为有效节能降耗提供了重要的技术支持。

二、在建筑领域的应用

（一）建筑节能设计原则

建筑节能设计原则是在建筑工程的设计、建造和使用中，采取一系列的措施来有效降低能耗，减少对环境的影响，实现资源的节约利用。

建筑节能设计要遵循“优化原则”，即在设计和施工过程中优化各个环节的工作，确保最大限度地做好经济、技术和环保等方面的工作，从而实现绿色施工的总体目标。此外，建筑节能设计需要遵循“细化原则”，即对技术、能源、材料和管理等方面进行精细化控制，通过有效的措施降低水电油的消耗，减少建筑施工过程对环境的破坏和污染。

在建筑节能设计中,需要应用安全无污染的建筑材料,确保建筑施工过程中不会对环境和人体健康造成不良影响。同时,需要增添一些人机关系设计良好的施工设备,以保障施工人员的安全,并便于施工人员进行操作,避免施工过程中出现安全隐患。建筑节能设计还需要充分运用节能性良好的灯具和电线,对设计和设置线路进行准确计算,有效控制建筑工程的用电设备,以避免发生用电安全事故。

建筑节能设计需要考虑建筑材料的使用。在施工过程中,应该减少建筑材料的使用,但不是以降低建筑质量为代价,而是在充分保障建筑质量的前提下对建筑材料的节能使用。更进一步,为了有效降低能源消耗,建筑节能设计需要合理选择照明光源,对照度分布进行优化,并有效控制照明时间,以提高照明能源的利用效果。

建筑节能设计的原则还包括在建筑工程施工过程中对技术、能源、材料、管理等方面进行控制,以降低水电油的消耗,减少成本,同时保证施工安全和建筑质量,减少对环境的破坏和污染,促进建筑工程施工有效进行。另外,建筑节能设计还需要重视绿色施工各个环节的工作,特别是经济、技术和环保三个环节的设计规划和技术方案的严格执行和优化。

(二)建筑物节能改造技术

建筑物节能改造技术是指对建筑结构、材料和设备进行更新和改进,以达到降低能耗、提高能效的目的。在建筑领域,节能改造技术包括但不限于外墙保温、更换窗户和门、采用高效照明和空调系统、利用太阳能光伏技术等,以降低建筑能耗和实现节能改造。

1.建筑物外墙保温

在建筑外墙增加保温材料,减少能量散失,提高建筑的保温性能,从而降低供暖和制冷的能耗。更换窗户和门也是重要的节能改造措施,采用双层或三层中空玻璃,阻隔热量传递,减少能耗,提高建筑能效。

2.采用高效照明和空调系统

更新照明设备和采用 LED 等高效光源,可以显著降低建筑的用电量。而使用智能温控系统和高效空调设备,则能有效减少空调能耗,提高建筑的能效性能,达到节能改造的目的。

3.利用太阳能光伏技术

在建筑物顶部或外墙安装太阳能光伏板，将太阳能转化为电能，降低建筑的用电需求，减少使用不可再生资源，从而达到节能减排的目的。

(三)绿色建筑与智能建筑

绿色建筑与智能建筑是建筑领域中应用广泛的节能降碳技术，其主要目的在于降低能源消耗、减少对环境的损害。在建筑设计阶段，可以采用节能的围护结构，如合理选择保温材料和采用高效隔热材料，以减少能源消耗和浪费。同时，采用先进的智能建筑控制系统，可以实现建筑内部能源的合理利用和分配，进一步提高能源利用效率，降低建筑能源消耗。

在绿色建筑与智能建筑中，节能的光照技术也起到了重要作用。合理选择照明光源、优化照度分布和有效控制照明时间，可以降低建筑的照明能源消耗，提高能源利用效果。同时，在绿色建筑中还应当结合自然采光和光照节能的方式，满足室内用光需求，减少能源消耗。

在建筑施工过程中，可以采用智能化的电子感应系统，有效减少电量消耗，并且合理安排资源的使用和配置。例如，可以在雨水较多的季节或天气进行施工，利用雨水资源，减少使用水资源，从而降低施工过程中的水资源消耗。

在建筑使用阶段，绿色建筑与智能建筑通过采用多联机空调系统和分体机等高效的空调系统，减少能源损耗，并有效降低电力能源的需求量。应用这些技术可以有效提高资源的利用率，以降低建筑的能源消耗，同时降低建筑施工成本。

建筑工程还可以通过搭配新能源，减少对传统能源的使用与消耗，以及采用节能、保温的维护结构，减少对空调与暖气等温度调节设备的使用，来降低能源消耗。对自然降水进行回收与再利用，也是绿色建筑与智能建筑的重要节能措施，可以有效降低水资源消耗。

三、在交通运输领域的应用

(一)交通节能技术和措施

推广新能源汽车。电动汽车具有零尾气排放和低能耗的优势，可以减少对传统燃油的依赖，从而降低温室气体排放。

改善交通管理。优化交通信号控制系统，提高交通运输效率，有效减少车辆在道路上的怠速等待和行驶时间，降低能源消耗。

推动公共交通发展。大力发展地铁、有轨电车等大容量、高效能、低能耗的公共交通方式，减少私家车出行需求，降低整体交通能耗。

发展智能交通系统。利用先进的信息技术、通信技术和控制技术，实现交通信号、路况、车辆等信息的智能化管理和优化调度，减少交通拥堵和能源浪费，提高交通运输系统的整体能效。推动车辆轻量化设计也是重要的节能措施。采用高强度材料，降低车辆自重、优化车辆结构，可以有效减少车辆燃料消耗，降低能源成本。

加强节能技术在交通运输领域的推广和应用。例如，采用先进的航空动力技术、轮轨摩擦减小技术和车辆动力系统节能技术，可以有效提高交通工具的能效，减少燃料消耗。

(二)低碳交通工具发展动态

低碳交通工具是近年来受到广泛关注的研究领域，其发展动态受到了学术界和产业界的重视。研究表明，低碳交通工具的发展动态受多个因素影响，其中技术创新是最为关键的因素之一。随着新能源汽车、混合动力汽车等技术的不断成熟和推广，低碳交通工具在城市交通运输中的应用逐渐增多，取得了显著的节能减排效果。

在低碳交通工具的发展过程中，新材料的应用和轻量化设计成为关键的技术路径之一。例如，轻量化材料的应用可以显著降低汽车、飞机等交通工具的整体重量，从而减少能源消耗和排放量。同时，新材料的研究和应用也为低碳交通工具的性能提升提供了重要的技术支撑。

除了技术创新和新材料应用外，智能交通系统的发展也对低碳交通工具的推广起到了积极作用。智能交通系统可以通过实时监测道路交通状况、优化车辆行驶路线等方式，有效缓解交通拥堵，降低能源消耗和碳排放。因此，智能交通系统与低碳交通工具的发展是相辅相成、相互促进的。

政策推动是低碳交通工具发展的重要动力之一。大多数国家和地区通过制定相关的节能减排政策和法规，对低碳交通工具的研发和应用给予政策支持，如新能源汽车购置补贴、减少传统燃油车排放标准等措施，都在一定程度上促进了低碳交通工具的发展和应用。

(三)系统优化与管理案例

交通运输领域的系统优化与管理案例是一个重要的应用领域,其目的是通过有效管理和优化交通运输系统,实现节能降碳的目标。在现代物流业中,采用先进的科学技术,如“互联网 + 物流”,催生了无车承运人等新业态,提高了货物运输效率,并推动生产性服务业降本增效。同时,制定政策措施促进交通运输业健康发展,提高现代物流业的运行效率,加速生产性服务业之间的融合,可以推动生产性服务业快速发展。

在交通运输领域的系统优化与管理中,货物运输效率的提高是至关重要的一环。运用先进的科学技术,提高现代物流业的运行效率,加速生产性服务业的融合,可以推动生产性服务业发展。政府也发挥着重要的作用,中央和地方政府制定交通、物流专项规划,通过政策支持文件,在土地、税收、资金等方面提高交通运输服务水平和现代物流发展水平,为制造业、金融业等生产性服务业提供更高效的运输服务。

交通运输领域的系统优化与管理案例中,降低物流成本和提高运输服务水平是关键目标。国家发展改革委和交通运输部等部委开展了甩挂运输试点、多式联运试点工作,鼓励发展无车承运人等新业态,以促进物流业降本增效,带动实体经济发展。这些措施可以有效地提高运输服务水平,降低物流业成本,从而实现节能降碳的目标。

近年来,国家重视提高交通运输服务水平,开展各种试点工作和鼓励发展新业态,旨在提高运输服务水平,降低物流业成本,促进节能降碳目标的实现。因此,为了实现节能降碳的目标,在交通运输领域,系统优化与管理案例的落实是非常重要的。

四、在农业领域的应用

(一)农业节能减排策略

农业节能减排策略主要包括改革种植结构和生产习惯,推行免耕、少耕的保护性耕作及水田旱育栽培等低耗能轻型耕作法。这些技术的推广可以显著降低农业机械作业量,从而取得节能降耗效果。积极引导发展大型农业机械是农机节能的重要措施之一。大型农业机械的引导发展将有助于降低能源消耗并提高作业效率，从而达到节能减排的目的。

为了提高农机的运行效率和节能效果，需要不断提高农机操作人员的操作技术水平。熟练的操作技术可以缩短作业时间，降低机械作业所消耗的能源，并降低农业机械的运行成本。同时，合理配套动力结构是提高农机节能效果的重要措施。采用合理的动力结构和配套农具，可以使农机在完成不同作业时达到最佳的节能效果。

在农场管理方面，改变耕作制度是农业节能减排的重要策略之一。在降低能源消耗的同时，逐步改变过度的人力和资源消耗模式，并推动农业可持续发展和建设节约型和谐社会。采用复式联合作业机械、农田实施保护性耕作等农机节能技术正在全国各地得到迅速推广。

新建农房应当执行农村建筑节能标准，推进农房“双碳”目标下的清洁取暖。同时，大力推行农村屋顶光伏行动，推广农村用能全面电气化，包括取暖电气化，也是农业领域节能减排的重要策略。

（二）温室气体排放控制技术

温室气体排放控制技术主要包括农机管理与运用节油技术、采用复式联合作业机械、农田实行保护性耕作以及提高农机操作人员水平等方面。在农业领域，农机管理与运用节油技术是一个重要的技术手段，合理配套动力结构和采用大型作业机械，可以实现农机的节能运用，降低碳排放量。

在农业领域快速推广复式联合作业机械技术，这种机械可以配合不同农具进行不同作业，实现多种作物一次性播种、耕作和收割，可以减少农机进入次数，从而达到减少能源消耗和降低碳排放的效果。

在农业领域推行保护性耕作及水田旱育栽培等低耗能轻型耕作法，改革种植结构和生产习惯，改进生产工艺，简化生产工序，减少机械作业量，从而取得明显的节能降耗效果。

提高农机操作人员的操作技术水平是农业领域温室气体排放控制技术的重要方面。普及节能技术要求农业机械发挥正常作用，除本身的特性外，操作技术水平十分关键，驾驶人员必须有熟练的操作技术，农机具必须有良好的工作状态，这样可以达到节能降碳的效果。

大力推行农村屋顶光伏行动，推广农村用能全面电气化，包括取暖电气化，可以作为农业领域温室气体排放控制技术的一种重要手段。使用可再生能源，如太阳能，实现农村能源的清洁利用，从而减少化石燃料的使用，降低温室气体排放。

(三)循环农业与可持续发展

循环农业是合理利用农业有机废弃物和畜禽粪便，进行资源循环利用，实现农田生产循环与生态循环的一种农业生产模式。在循环农业中，农田不再仅仅是一个农作物生长的地方，而是一个完整的生态系统，包括农作物生长、有机废弃物和畜禽粪便的回收利用、土壤养分供应和自然环境维护等一系列过程。发展循环农业，可以有效减少化肥和农药的使用量，降低农业生产过程中的能耗和排放，实现农业生产的可持续发展。

在循环农业中，关键的一环是有机废弃物和畜禽粪便的回收利用。利用科学合理的堆肥技术，将这些有机废弃物转化为有机肥料，并应用于农田，可以实现农业有机肥的自给自足，减少对化肥的依赖，同时还可以改善土壤结构和提高土壤肥力，从而提高农作物的产量和品质。开展循环农业实践，可以有效地减少排放物，减少农田生产过程中的环境污染，达成可持续发展的目标。

与传统农业相比，循环农业更注重生态系统的平衡和稳定。推广循环农业模式，可以有效地保护生态环境，减少对自然资源的消耗，降低农业生产对生态系统的破坏，实现农业生产和生态环境的良性互动。循环农业还可以促进农产品质量的提高，增强农产品的营养价值和安全性，提高农产品的竞争力，符合可持续发展的内在要求。

在循环农业中，可持续发展是最终目标。实行循环农业，可以实现农业生产的可持续发展，保障农产品质量和安全，减少对生态环境的影响，促进农业和生态环境协调发展。同时，循环农业也为农民提供了新的增收途径，通过回收利用废弃物和生产销售有机农产品，实现农民增收致富，推动农村经济发展和社会全面进步。

第二节　节能降碳技术的应用原则

一、以人为本原则及其应用

(一)人本原则的内涵与理论

人本原则强调以人为核心，在节能降碳技术应用中注重满足人们的需求和保障人们的权益，同时关注技术的普及和可持续发展。在能源利用中，人本原则要求将人的需求和人的幸福放在首位，而非单纯地追求技术的高效和经济效益。这样的做法能够在实践中更好地推动技术发展和落地，使节能降碳技术更贴近人们的生活需求和实际情况，也利于推动社会可持续发展和环境改善。

在人本原则的内涵与理论中，需要考虑到不同社会群体的需求和利益以及技术在不同环境下的适用性和可行性。深入研究人本原则，可以更好地理解和把握技术在社会中的作用和影响，从而更好地指导和推动节能降碳技术的应用和发展。这有助于深入了解技术与社会的互动关系，促进技术更好地服务于人们的生活和社会发展。

人本原则的内涵与理论关注的不仅仅是技术本身的性能和功能，更加注重技术与社会、与人的关系。在这一理论下，技术的发展和应用不再局限于技术本身，而是更加关注技术对社会的影响和对人的服务。这样的研究将有助于更好地拓展节能降碳技术的应用领域，使技术真正成为社会和人类进步的助力，而非单纯的工具和手段。

人本原则的内涵与理论在能源领域具有广泛的适用性和实践价值，可以为节能降碳技术的研究和应用提供理论支撑和指导。对人本原则进行深入研究和分析，可以更好地发现和理解技术在社会中的作用机制和影响路径，从而指导技术的研发和应用，使节能降碳技术更贴近社会和人们的需求，更好地服务于社会和人类的可持续发展。

（二）节能降碳中的人本考量

人本考量需要从多个角度进行分析和评估，包括了解和考虑建筑工程对周边环境和居民生活的影响以及在施工过程中对工人的保护和关爱，从而实现节能降碳技术的可持续应用。

人本考量需要关注节能降碳技术的人性化设计和实施。这意味着在选择和使用节能降碳材料时，考虑到其对人体健康的影响，尽可能选择无污染、健康环保、耐用且低消耗的材料，以保障居民的健康和生活质量。

人本考量需要从社会和经济角度进行综合考量。在城建施工中，需要优先考虑使用能够提升散热速度的节能降碳技术，以创造更好的生活环境，这对社会的可持续发展具有重要意义。

人本考量还需要关注能源回弹效应对节能降碳技术的影响。由技术进步引起的能源回弹效应可能抵消节能降碳技术的效果，政策设计应该首先关注如何抑制能源回弹效应的影响,从而更好地实现人本考量。

(三)人本原则下的技术应用

在节能降碳技术的应用中,人本原则是指在技术应用过程中充分考虑人的需求和感受,以人为本,注重技术的实际应用效果和人的舒适度。例如,某城市在推广智能建筑节能技术时,充分考虑了居民的生活习惯和日常需求,采用自适应控制技术实现了建筑内部温度、湿度等环境参数的智能调节,极大地提升了居民的舒适感和生活品质,同时实现了节能降碳的目标。

人本原则在节能降碳技术中的应用体现在智能交通系统的应用案例中。例如,某城市在推广智能交通信号灯控制系统时,结合了人流量、车流量等实时数据,通过优化信号灯控制策略,减少了车辆排队时间和交通拥堵现象,提升了行车效率和交通安全,同时减少了交通产生的碳排放量,充分体现了以人为本的技术应用原则。

在智能家居领域,人本原则的技术应用也得到了广泛的实践。例如,通过应用智能家居系统,居民可以实现对家庭能源消耗的实时监测和控制,调节室内温度、光照等参数,不仅提升了居住环境的舒适度,还取得了节能减排的效果,为人们的生活带来了实实在在的改变。

人本原则下的技术应用案例还包括智能健康监测系统的推广。通过该系统,人们可以实时监测自身健康数据,并根据数据分析得出个性化的健康管理方案,这不仅提升了健康管理的效果和个人的生活质量,同时也实现了医疗资源的智能优化配置和节能减排目标。

在农业领域,人本原则下的技术应用也得到了关注和实践。例如,在农业温室大棚智能化管理系统的推广中,充分考虑了农民的生产习惯和需求,在系统设计中加入了人性化的交互界面和智能化的栽培管理模式,提高了农民的生产效率和收益,同时取得了能源节约和减排效果。

(四)实践中遇到的问题与对策

1.技术成本较高

一个常见的问题是技术成本较高,包括设备购置费用、技术更新换代费用以及人员培训成本等。针对这一问题,可以采取合理的资金筹措和财政补贴政策,鼓励企业和个人加大对节能降碳技术的投入，同时加强专业人才培养，提高技术人员的能力和水平，降低技术应用成本。

2. 技术适用性差异较大

另一个实践中常遇到的问题是技术适用性差异较大，不同地区、不同行业、不同企业之间存在较大的差异。这就需要针对不同情况，量身定制节能降碳技术解决方案，充分考虑各个因素的差异性，尽可能实现个性化定制，提高技术的适用性和实用性。

3. 技术实施效果不理想

实践中还可能遇到技术实施效果不理想的问题。这可能是由于技术本身有固有的局限性，或者是在实施过程中出现了一些意外情况。针对这一问题，需要在技术实施前进行充分的调研和评估，选择合适的技术方案，并在实施过程中加强监测和评估，及时发现问题并及时调整。

4. 技术的可持续性问题

在实际应用节能降碳技术的过程中，还可能遇到技术的可持续性问题。一些技术可能在短期内表现出较好的节能减排效果，但随着时间的推移，效果逐渐减弱甚至消失。针对这一问题，需要选择具有长期可持续性的技术方案，注重技术的长期效果和持续性，避免出现短期效果好、长期效果差的情况。

5. 技术的系统优化

在实际应用中，技术可能会受到其他因素的影响，造成技术系统不稳定或无法完全发挥效能。因此，需要在应用过程中对技术系统进行全方位的优化和调整，解决技术系统中存在的各种问题，提高技术系统的整体效能。

二、差异化原则及其应用

（一）差异化原则的内涵与理论

在节能降碳技术的应用中，差异化原则是指根据不同的技术特点和适用范围，采取有针对性的措施和政策，以达到最优的节能降碳效果。这一原则旨在充分发挥每种技术的特点，最大限度地减少能源消耗和二氧化碳排放，从而实现可持续发展目标。差异化原则的内涵主要包括对不同技术的特性进行深入分析和理解，充分考虑技术在不同领域的适用性，以及结合实际情况，因地制宜地推动技术的应用和推广。

具体而言，差异化原则的内涵涉及技术的适用范围、经济性、环保性以及社会接受程度等方面。在节能降碳技术的实际应用中，需要根据不同技术的特性，结合实际情况和需求，对其适用范围进行科学地界定和评估，确保技术得到有效应用。同时，也需要充分考虑技术的经济性，包括投资成本、运营成本和节能效益，以及环保性，包括对环境的影响和资源的可持续利用。还需要考虑社会的接受程度，包括政策支持和社会认知，以确保技术顺利推广和落地。

差异化原则的内涵不仅仅在于对技术本身特性的充分理解和把握，更在于如何根据这些特性制定和实施相关政策和措施。在实际应用中，需要根据不同技术的特点，制定有针对性的政策和措施，以支持和推动节能降碳技术的应用和发展。同时，需要加强对技术的监管和评估，通过不断优化和完善政策与措施，达到节能降碳的最优效果。

（二）行业与地域的差异化策略

根据能源资源在不同地域的分布特点，针对行业与地域的差异，需要制定差异化的节能降碳策略。

东部地区应重点推进清洁能源和高效利用技术，以促进绿色低碳产业发展，减少传统能源消耗和二氧化碳排放。同时，要加大对高耗能、高排放产业的整治力度，鼓励技术创新和资源综合利用，促进经济转型升级，实现经济发展和碳减排双赢。

中部地区应优化产业结构，鼓励发展节能环保产业和低碳技术，推动传统产业转型升级，加强资源综合利用和循环经济建设。应加大对小型高耗能企业的技术改造和环保设施建设，促进地区绿色低碳发展。

西部地区则需重点发展清洁能源项目，促进可再生能源利用和开发，推动能源结构转型和低碳产业发展。同时，鼓励开展核能及其他清洁能源技术研发与应用，实施节能减排政策，推动资源型地区绿色发展。

针对不同行业，应根据行业特点和发展需求，采取有差异化的节能降碳策略。对于高能耗、高排放的行业，应提倡技术升级和设备更新，推广高效节能技术和清洁生产工艺，以降低能耗和减少碳排放。

需要加强行业之间的合作和技术创新，促进产业链协同发展，推动资源共享与利用，实现全行业的绿色低碳转型。在政策上要加大支持力度，鼓励行业合作创新，推动技术成果快速转化和产业化落地。

（三）实施中的挑战与解决方案

节能环保领域属于较为专业的技术领域，面对的客户群体也是专业的用能企业，这造成了供需双方信息不对称的情况，导致节能技术企业普遍存在获客难的情况。节能技术企业在节能技术推广过程中会遇到很多困难，如采用节能技术对于用能企业而言属于优化项，需要一次性支付较大成本；节能技术改造需要企业部分停工停产，因此用能企业在做节能技术改造决策时需要持谨慎态度。

用能单位在选择合适的节能技术时也面临困难。市场上存在大量节能技术，但往往良莠不齐，找不到先进适用的节能技术，缺乏足够的节能技术典型示范作为决策依据。节能技术改造与服务项目的融资也存在难题，节能技术企业大部分是中小型企业，融资渠道单一，这阻碍了企业的发展，也限制了技术的推广，因此需要开辟更多元化的融资渠道来支持节能技术发展。

在应对这些挑战时，可以采取一些有针对性的解决方案。针对信息不对称问题，可以加强节能技术企业与用能企业之间的沟通与合作，建立更加密切的合作关系，以便更好地满足用能企业的需求。针对技术选择困难问题，可以加强行业协会或组织建设，建立技术评估与推荐体系，为用能单位提供更加可靠的技术选择。

在推广节能技术的过程中，还需要进一步加大环保教育力度，提高国民环保能力，从而引导形成低碳绿色的消费模式，减小能源回弹效应的影响。同时，需要综合采用基于市场、经济和技术的政策组合，促进减排技术进步，特别是能源生产类技术进步，抑制能源回弹效应带来的影响。这些措施可以更好地应对节能降碳技术应用中的挑战与问题，推动绿色发展。

三、可持续原则及其应用

（一）可持续原则的内涵与理论

可持续原则是指在节能降碳技术的应用过程中，注重对资源的可持续利用和环境的可持续保护，以实现人类社会可持续发展。可持续原则的内涵主要包括对能源、材料、环境和社会的整体考量，力求在满足当前需求的同时，不损害未来的资源和环境利用可能性。这一原则是绿色建筑设计和施工的重要理论基础，体现了对未来的责任和关爱，也是应对气候变化和环境污染挑战的根本所在。

可持续原则还包括对建筑工程的全生命周期考量，不仅仅注重建筑使用阶段的能源节省，更要关注建筑设计、建造、拆除和废弃后的资源回收和再利用过程。这意味着节能降碳技术的应用需要从建筑整体系统的角度出发，采用全方位、综合性的措施，实现资源和能源的最大化利用，降低对环境的负面影响。

可持续原则的理论基础主要涵盖了生态学、经济学、社会学等多学科知识，强调了自然、经济和社会三大领域的协调和平衡发展。在节能降碳技术的应用过程中，要考虑建筑与自然环境的相互关系，尊重自然规律，实现建筑与自然和谐共生；要考虑经济的可行性和效益，使节能降碳技术的应用能够取得长期的经济回报和社会效益。

（二）节能降碳与可持续发展

节能降碳与可持续发展是当前社会可持续发展的重要组成部分。在实践中，可以采取以人为本原则，鼓励人们树立节约资源、保护环境的意识，引导他们积极参与节能减排，推动可持续发展。提倡绿色生活方式，推广节能技术，以满足人们的实际需求，实现节能减排目标，促进经济社会可持续发展。

在节能降碳技术的应用中，可持续原则是非常重要的，它要求在实施节能减排措施时兼顾经济、环境和社会的可持续发展。这意味着需要在节能降碳技术的选择和应用中，考虑资源利用效率、环境影响和社会效益的平衡，实现经济、社会、环境协调发展。例如，能源生产类技术的进步和优化能源结构，可以推动可持续发展的实现，加速减排技术在新技术轨道上的进步。这种可持续原则的应用，可以实现节能降碳技术的长期效益，推动我国减排进程。

（三）可持续原则指导下的技术应用

可持续原则指导下的技术应用，需要考虑在节能降碳技术中应用以人为本原则。这意味着在技术设计和应用过程中，要充分考虑人们的需求和舒适感，确保节能降碳技术不仅可以实现节能减排的目标，同时也能提升居民的生活质量，促进可持续发展。

可持续原则指导下的技术应用，需要将可持续原则作为指导原则。这意味着技术应用必须符合可持续发展的基本理念，以确保技术的使用在经济、社会和环境方面都具有可持续性，能够长期有效地发挥节能降碳的作用。例如，通过推广利用可再生能源、优化建筑结构和性能等方式，实现能源的可持续利用和碳排放的持续减少，从而促进可持续发展。

在可持续原则指导下，技术应用需要充分考虑环境保护和社会责任。这意味着技术应用必须符合环保要求，尽量减少对环境的影响，同时也要关注社会的可持续发展需求，推动节能降碳技术公平、公正和可持续发展，从而达到更加全面和积极的技术应用效果。

四、系统优化原则及其应用

（一）系统优化原则的理论框架

系统优化原则的理论框架有助于指导节能降碳技术的实际应用，从而提高能源利用效率和降低排放。

首先，系统优化原则要求考虑能源的整体利用效率，以及如何根据具体情况进行系统调整和优化，以达到节能减碳的最佳效果。系统优化原则还需要关注能源管理的长期可持续性，确保能源利用的效率和效果都能够长期保持并持续改进。

其次，系统优化原则要求重视系统的整体协调性，对各个子系统间的相互作用进行深入分析和优化。这包括对能源消耗、生产流程以及设备运行情况等多个方面的综合考量，从而实现整体能源利用的最优化调度和管理。借助系统优化原则的理论框架，可以实现能源利用效率的全面提高，同时确保系统内各项设备的协调运行，以达到节能降碳的最佳效果。

再次，系统优化原则要求积极探索各种优化方法和技术手段，包括但不限于粒子群算法、线性规划以及博弈论等方法。这些方法可以帮助企业实现对能源利用的最优化调度和管理，从而降低能源消耗并减少排放，进而实现节能减碳的目标。这些方法的应用，可以在实际生产中实现节能减碳效果的最大化，为企业的可持续发展做出贡献。

最后，系统优化原则要求企业结合自身的特点和需求，量身定制具体的节能减碳方案。这意味着企业需要根据自身的生产流程、设备状况以及能源消耗情况，制定符合实际需求的系统优化方案。实施个性化的优化方案，可以实现节能减碳效果的最大化，同时确保提高生产效率和产品质量。

（二）跨领域系统整合实践

跨领域系统整合实践的核心是优化整合不同领域的资源和技术，以实现节能减排的目标。

1. 建立多领域协同创新机制

整合和优化不同领域的技术和资源，实现技术创新和管理创新协同发展。例如，在能源生产和利用方面，跨领域系统整合实践可以通过优化能源生产工艺和利用设备的匹配，提高能源利用效率，降低二氧化碳排放量；还可以采用先进的信息技术和控制技术，实现能源生产和利用系统的智能化管理，提高系统运行的稳定性和可靠性，进而实现节能减排的目标。

2. 注重差异化原则的应用

要针对不同领域的特点和需求，采用差异化的技术和策略。比如，在能源生产方面，可以结合清洁能源技术和高效燃烧技术，降低能源生产过程中的排放量；而在能源利用方面，可以采用热力网络优化技术和供热设备智能控制技术，提高能源利用效率，减少能源损耗。只有针对不同领域的特点，采取差异化的节能降碳技术应用策略，才能更好地达到综合节能减排效果。

3. 充分考虑资源的可持续利用和环境的可持续保护

例如，在能源生产和利用方面，可持续原则要求在满足能源需求的同时，减少对环境的破坏，大力发展清洁能源和低碳技术，实现能源可持续利用。在系统整合实践中，需要充分考虑各种资源的替代性和可再生性，促进资源循环利用，并减少对自然资源的依赖，以实现节能减排的可持续发展。

（三）面临的系统性挑战与对策

集中供热系统运行存在问题，面临系统性挑战。首先，供热系统的原材料多为煤炭，而燃煤造成的污染和能量耗损较大，与我国环境友好型社会建设目标难以有效适应。其次，能源结构不合理，我国能源消费以煤炭为主，这是我国经济发展与环境污染矛盾突出的主要原因。同时，供热企业管理机构重叠，造成大量的资源浪费，难以提升管理效果。在这种情况下，如何有效应对这些挑战，是当前亟须解决的问题。

针对系统性挑战，可以采取一系列对策来应对。首先，可以重点推进节能减排技术在集中供热系统中的应用，以降低能耗为目的，对系统各个环节应用节能环保技术，提高系统的运行质量。其次，需要转变能源监察管理模式，建立能源监察通报机制，对用能的不合理情况加以遏制与纠正。

此外，在应对系统性挑战的过程中，也需优化利用能源，积极践行能级匹配、梯级利用以及温度对口等基本原则，以保证能源利用的优化。可以通过降低各种动力能源消耗，提升装置的经济水平，以降低装置生产能耗。要在经济适度增长和经济结构优化的同时，合理开发利用能源和保护环境，实现系统持续、稳定、协调发展。

在应对系统性挑战的过程中，还需要重视人性化原则，加强对人力、物理资源的合理利用。实施可持续原则，推动集中供热系统结构与管理模式有效改革，以适应环境友好型社会建设的要求。综合运用差异化原则，关注不同环节的特点，采取有针对性的措施，以提高供热系统的运行效率与质量。

第四章　污染治理与绿色发展

第一节　大气污染治理与绿色发展

一、大气污染的主要来源

(一)工业排放

工业活动是大气污染的主要来源。随着工业化进程的加快,工业排放物排放量不断增加,给大气环境带来了严重的负面影响。

工业过程中产生的废气排放是主要的大气污染源。例如,许多工厂和炼化厂在生产过程中会释放出大量的二氧化硫、氮氧化物和挥发性有机物等有害气体。这些废气不仅会对人体健康造成危害,还会导致酸雨形成,损害生态系统平衡。

工业排放物中的固体颗粒物是造成大气污染的元凶。这些颗粒物既包括可见的烟尘和灰尘,又包括微小颗粒物。这些细小颗粒物不仅可以直接对人体呼吸系统造成伤害,还能够远距离传输,引起区域性的大气污染。

工业活动还会排放大量的有机物和重金属等物质,这些物质会对环境和人类健康产生不容忽视的影响。有机物的排放会加剧臭氧污染,并产生有害的挥发性有机物;重金属的排放则会引起水体污染和土壤污染,从而影响生态系统的健康。

(二)交通运输

在大气污染的主要来源中,交通运输被认为是一个重要的因素。随着城市化进程的加速以及汽车保有量的不断增加,交通运输排放污染物逐渐成为大气污染的重要原因。

1.汽车尾气排放

汽车尾气中含有各种有害气体和颗粒物,如二氧化碳、一氧化碳、氮氧化物和颗粒物等。这些污染物不仅会对空气质量产生直接影响,还会造成人们的健康问题。例如,氮氧化物以及挥发性有机物可通过光化学反应形成臭氧,臭氧会对人体呼吸系统和免疫系统产生危害。

2. 非尾气污染物

道路磨损、轮胎磨耗、刹车摩擦以及道路扬尘等都会产生并排放颗粒物。交通噪声也是交通运输对环境产生的一种干扰和污染。这些非尾气污染物不仅会对周围环境产生影响,还会对人们的日常生活造成困扰和损害。

(三)生活污染源

随着人口的增长和城市化进程的加快,生活污染源在大气中的排放量不断增加。生活污染源主要包括家庭生活、商业办公、服务业以及城市垃圾处理等方面。

1. 家庭生活

家庭生活中的燃烧排放是造成大气污染的主要原因之一。煤炭、石油和天然气的使用不仅会产生大量的二氧化碳、一氧化碳等有害气体,还会释放出含有致癌物质的烟尘和颗粒物。家庭生活中的垃圾处理和废水排放也会对大气质量产生一定影响。

2. 商业办公和服务业

商业办公区域的空调、电脑、打印机等设备排放出的化学物质和颗粒物,会对室内和室外空气质量产生不良影响。餐饮业和娱乐场所的油烟排放以及大量的厨余垃圾等也增加了空气污染风险。

3. 城市垃圾处理

在垃圾处理过程中,废气的排放和垃圾填埋产生的甲烷气体释放都会对大气环境造成直接污染。尤其是在城市化进程中,随着垃圾的不断增加,科学、高效的垃圾处理方式变得尤为重要。

(四)农业活动

在农业生产过程中,常常会产生并排放大量的气体和颗粒物,从而对大气环境造成污染。农业活动主要包括农田耕作、农作物种植、畜禽养殖等。

1.农田耕作

在农田耕作过程中，常常采用农药、化肥等农业化学品，以提高农作物的产量和质量。这些农业化学品的使用会带来一系列的环境问题，其中之一就是大气污染。农药和化肥的使用会导致农田土壤中的氮、磷元素过度富集，当这些元素释放到大气中时，容易形成氮氧化物和挥发性有机物等有害气体，从而造成大气污染。

2.农作物种植

农作物种植过程中，会产生并排放一定数量的温室气体，特别是甲烷气体。甲烷是一种强效的温室气体，对全球气候变化具有重要影响。农作物种植过程中，季节性的农田灌溉、水稻种植等活动会造成土地湿度的变化，从而促进甲烷的产生和排放。农作物种植还需要使用农业机械，如拖拉机、喷雾器等，这些机械的使用也会产生并排放大量的尾气，进一步加剧了大气污染问题。

3.畜禽养殖

随着人们对肉类和乳制品的需求的不断增加，畜禽养殖行业逐渐兴起。然而，畜禽养殖所带来的排放问题也逐渐凸显。畜禽粪便、尿液等排放物中含有大量的氨气和甲烷气体，这些气体的排放不仅对空气质量产生了负面影响，还加剧了温室效应。养殖过程中的秸秆焚烧、粪便堆肥等活动也会产生大量的颗粒物和挥发性有机物，进一步污染了大气环境。

二、大气污染治理创新策略

（一）控制污染源头

控制污染源头的主要目的是减少或消除污染物在产生源头的排放。在实施污染源头控制时，需要采取一系列切实有效的措施来降低污染物的排放量。

技术改造和升级，可以减少污染物。工业生产过程中的原料选择、生产设备的改进以及工艺流程的优化，可以减少大气污染物。例如，利用先进的燃烧技术和高效的净化设备，可以将燃煤电厂的二氧化硫和颗粒物排放降到更低的水平。

制定严格的排放标准和监管措施，可以限制污染物的排放量。这包括加强对工业企业和公共设施的监督检查，确保其排放不超过规定的限值。建立健全的法律法规体系，并强化执法力度，对违规排放进行严厉处罚，以提高企业的环境意识和责任感。

在城市规划和建设中，应考虑大气污染的控制因素。例如，合理规划和布局工业区、交通枢纽等污染源密集区域，减少其对周边环境的影响。在新城市建设中，应优先发展清洁能源，减少对传统能源的依赖，并充分考虑绿色低碳的城市建设理念。

加强对农业和农村污染源的治理。采取科学的农业耕作方式，优化化肥农药的使用，加强对畜禽养殖场的管理等措施，可以减少农村地区的氨排放、农田面源污染等，从而减少大气污染物来源。

（二）清洁生产技术

清洁生产技术是一种广泛应用于各个行业的治理大气污染的创新策略。它的核心思想是在生产过程中，最大限度地减少或消除对环境的污染和损害。

1. 优化生产流程

传统的生产流程通常存在能源浪费、物料浪费和污染物排放等问题。而应用清洁生产技术，可以对生产流程进行深入研究和分析，找出并优化其中的环境影响因素，从而实现资源的高效利用和废物的最小化排放。例如，对生产设备进行技术改进和更新，可以提高生产效率，并减少能源消耗。同时，适当调整原材料的配比和使用，可以减少废弃物生成，避免对环境造成进一步污染。这样的流程优化不仅有助于降低大气污染物的排放量，还能提高企业的经济效益。

2. 使用绿色化学品

绿色化学品是一类对环境友好、无毒无害的化学物质，其在生产和使用过程中对人体健康和环境没有负面影响。使用绿色化学品，可以避免传统化学品在生产和使用过程中可能产生的有害排放物和废弃物。例如，在某些工业生产中，传统的溶剂常常含有有害的挥发性有机化合物。而绿色溶剂则采用可再生原材料制造，无毒无害，不会对大气造成污染。使用绿色化学品可以从根本上降低大气污染风险，并推动绿色发展的实现。

3. 采用清洁能源

清洁能源是指对环境无污染、气候友好的能源形式，如太阳能、风能、水能等。相对于传统的污染型能源如煤炭和石油，清洁能源在使用过程中不产生废气和废水排放，无须燃烧燃料，减轻了大气污染的负荷。因此，广泛采用清洁能源是推动绿色发展和治理大气污染的重要途径。清洁生产技术在能源行业中的应用尤为显著，以清洁能源逐步取代传统能源，可有效降低大气污染物的排放，改善空气质量。

（三）污染物处理与再利用

随着工业化进程的加快和城市化规模的扩大，大气污染物排放量不断增加，对环境和人类健康造成了巨大的威胁。因此，开展污染物处理与再利用研究，成为必要的举措。

污染物处理是指对大气中的污染物进行净化、转化或去除的过程。采取一系列的物理、化学和生物方法，可以有效地将污染物排放降低到环境安全标准以下，从而减少对大气环境的影响。例如，利用湿式沉降技术、吸收剂和滤料等进行气体除尘和净化处理，可以有效地去除颗粒物、二氧化硫和氮氧化物等有害物质。

污染物再利用是指对废弃物或污染物进行资源化利用的过程。在处理污染物的同时，将废弃物中的可再利用物质进行回收和利用，不仅可以减少资源消耗，还能够降低排放物的总量。例如，将废弃物中的有机物通过生物处理转化为可再生能源，如生物气体或生物柴油，不仅可以减少化石能源的使用，还可以降低二氧化碳排放量。

污染物处理与再利用还可以与清洁生产技术相结合，形成一种循环经济模式。在生产过程中采取环境友好型技术和设备，减少或最大限度地避免有害物质的产生，可以降低大气污染物的排放量。将废弃物进行资源化利用，促进废弃物的减量化和综合利用。

（四）环境监测与预警系统

环境监测与预警系统主要通过实时、准确地监测大气污染物的浓度和分布情况，为大气质量监测提供科学依据和数据支持，帮助政府和相关部门及时采取有效的措施来减少和防止大气污染的发生。

建立坚实的监测网络，全面覆盖污染源监测点位。这些监测点位应该分布在城市、工业区、农村等不同场所，以反映不同地区的大气质量状况。利用密集的监测点位，能够监测到大气中各种污染物的浓度水平，有助于评估大气污染的程度和来源，从而有针对性地采取措施进行治理。

完善预警系统。基于实时数据的分析和模型预测，预警系统能够提前预知可能发生的大气污染事件，并及时发出警报，以便相关部门能够迅速采取预防和应对措施。这种预警系统不仅能够减少发生大气污染事件，还能够降低大气污染对人体健康和环境的危害程度。

保证数据的精确性和可靠性。相关部门应该建立完善的质量控制和质量保证体系，确保监测数据的准确性和可比性。同时，监测数据的公开透明也是至关重要的，这样可以加深公众对大气污染情况的了解，促进公众参与大气污染治理行动。

三、大气污染治理对绿色发展的推动作用

(一)提升环境质量

环境质量是衡量一个地区大气污染治理成效的重要指标。提升环境质量是实现绿色发展、改善人民生活质量的基础。因此，大气污染治理必须注重提升环境质量。

采取有效的源头控制和减排措施，可以有效地降低大气污染物的排放量，减少污染物对环境的负面影响。例如，加强工业企业排污管控，引进更清洁的生产技术和设备，可以实现废气的合理处理和排放控制，从而降低大气污染的程度。加强车辆尾气治理，推广低碳出行方式，也能够有效减少机动车尾气排放引起的大气污染。

加强环境监测和评估工作，可以实时了解大气环境质量状况，及时发现问题并进行调整和优化。建立完善的监测网络，采用先进的监测设备和技术手段，可以准确监测大气污染物的浓度、组分和来源等重要参数，并及时发布环境质量信息，使公众能够全面了解大气污染状况，引导公众积极采取环保行动。

加强环境管理，建立健全的大气污染治理体系，是提升环境质量的关键。政府部门应加强法律法规的制定和执行，加大对环境违法行为的打击力度，形成较全面的法律法规约束。同时，要加强环境监管力量和能力，定期进行环境巡查和

执法检查，确保大气污染治理工作的落实和效果。

（二）推进循环经济

循环经济作为一种可持续发展的经济模式，在大气污染治理中扮演着重要角色。推进循环经济的实践不仅可以有效减少资源消耗和废弃物，还能够对大气污染治理具有巨大的推动作用。

可以通过降低原材料的使用量来减少能源消耗和排放。传统的生产模式往往以大量消耗自然资源为基础，导致了不可持续发展。而循环经济则鼓励企业在生产过程中重视资源的回收利用，通过有效的回收再利用，降低了对原材料的需求量，从而减少了能源消耗和大气污染的排放。例如，对废物进行再生利用，变废弃物为宝，不仅降低了资源消耗，还减少了废物对环境的负面影响。

还要促进废物的再利用和再循环，减少其对大气的污染。循环经济的核心理念是"废物不是废物，而是资源"。在实践中，可以通过废物的分类回收和再利用来最大限度地降低其对环境的影响。例如，对废弃物进行分拣和再加工，可以将一些有价值的废物转化为再生资源，减少废物填埋和焚烧所产生的大气污染物排放。

需要加强技术创新和研发，以提高资源的回收利用率和废物处理效率。引入先进的循环经济技术和设备，可以更加高效地处理废物，减少有害物质的排放。例如，采用高效的废物处理技术，能够有效去除废物中的有害物质，并将可再利用的资源进行回收利用，从而进一步减少排放大气污染物。

需要加强政策支持和市场引导。政府可以制定相关的法律、政策和标准，鼓励企业和个人参与循环经济实践。同时，加强市场监管，建立健全的循环经济市场体系，为发展循环经济提供经济和政策上的支持。只有通过政策和市场的双重引导，循环经济才能顺利进行，从而为大气污染治理提供更为广阔的空间。

（三）促进科技创新

促进科技创新是治理大气污染的重要手段。科技创新可以为大气污染治理提供技术支持和解决方案，推动治理工作深入展开。

1. 带来更先进的监测和控制技术

传统的大气污染监测手段往往依赖于固定的监测站，覆盖面有限，无法全面了解大气污染情况。而随着科技的进步，新型的监测技术如无人机监测、卫星遥感等的应用，使我们能够实时监测大气污染源和空气质量的变化，及时采取措施。科技创新还可以提供更高效的污染治理技术。利用先进的污染治理设备和工艺，能够更有效地减少污染物排放，降低大气污染的程度。例如，利用新型催化剂、脱硫脱氮技术等，可以实现低污染排放，减少污染物对空气质量的影响。

2.推动大气污染治理工作模式创新

传统的大气污染治理工作往往是线性的，即控制污染物的排放，减少污染源的影响。而科技创新可以引领转型，推动从传统控制型治理向综合管理型治理转变。建立精细化监测网络和污染物源解析技术，可以更加全面地了解大气污染的形成机制和传输规律，实施源头治理，有效防止污染物的产生和扩散。例如，基于传感器和物联网技术的城市环境感知系统可以实时监测大气污染源的排放情况，并利用大数据分析和人工智能技术进行污染源识别和预测，使相关人员及时采取相应措施。

3.推动大气污染治理与绿色经济深度融合

绿色经济强调资源的有效利用和环境保护，以实现可持续发展。而科技创新可以为绿色经济提供技术支持和创新方案。例如，发展和应用清洁能源技术，可以减少化石燃料的使用量，减少大气污染来源。科技创新还能够为循环经济提供解决方案。开发和应用新型污染治理技术，如废气治理、废水处理等，在污染物排放后进行回收利用，实现废物的资源化利用。

（四）提高生态效益

提高生态效益，不仅可以有效减少大气污染物的排放，还能够推动绿色发展，实现经济与环境的协调发展。在大气污染治理中，提高生态效益主要表现在以下几个方面。

1.加强生态修复与保护

加强生态修复和保护，可以提高生态系统的稳定性和抗干扰能力，减少对大气污染的敏感度。例如，在工业园区周边建立生态保护区，采用湿地治理等措施，可以有效减少园区大气污染物的排放。

2.推动生态产业发展

发展生态产业是提高生态效益的重要手段。生态产业以生态资源的保护和利用为基础,注重绿色技术和绿色产品的研发和应用。发展生态产业,可以促进产业结构升级,减少污染物排放,实现可持续发展。

3.促进生态环境与经济发展协同

大气污染治理要与经济发展相协调,不能触动经济增长的底线。采取建立生态补偿机制、推行绿色金融等措施,可以实现经济发展与环境保护的良性循环。还要提倡绿色消费,引导社会各界树立低碳、环保的生活方式,进一步减少大气污染。

4.加大环境监管和执法力度

提高生态效益离不开严格的环境监管和执法。政府部门应加强对大气污染治理的监督和管理,建立健全的法律法规体系,加大对违法企业的处罚力度。同时,要增强公众的环境意识和责任意识,推动全社会共同参与大气污染治理,形成良好的治理合力。

四、绿色发展对大气污染治理的要求

(一)低碳经济

在绿色发展对大气污染治理的要求中,低碳经济是一个重要的方面,减少温室气体排放、降低能源消耗是其核心目标。低碳经济的实施需要从多个方面入手,包括能源结构调整、产业升级、技术创新和消费观念改变等。这些措施的落实不仅能够有效降低大气污染物的排放,还可以推动绿色发展的进程。

1.调整能源结构

调整能源结构是低碳经济的一个基本举措。传统的能源结构以化石燃料为主,导致了大量的二氧化碳、氮氧化物等温室气体排放,加剧了大气污染。而转向利用可再生能源和清洁能源,则可以减少这些污染物的排放。例如,发展太阳能、风能等可再生能源,利用天然气等清洁能源替代煤炭,可以显著减少二氧化碳和颗粒物的排放,提高空气质量。

2. 产业升级

产业升级是低碳经济的必然要求。传统产业往往以高耗能、高排放为特点,对大气质量改善造成较大负担。推动产业升级,尤其是发展环保产业,可以实现经济发展和环境保护双赢。例如,加大对清洁能源、节能技术、环保设备等领域的投入,推动绿色产业发展,不仅可以提高经济效益,还可以减少大气污染物的排放。

3. 技术创新

技术创新在低碳经济中起到了重要的推动作用。技术创新可以实现更有效的能源利用和更清洁的生产方式。例如,研发更高效的能源利用技术、开发低碳排放的生产工艺,可以降低能源消耗和污染物排放。同时,借助信息技术,可以实现能源资源的智能管理和监控,提高能源利用效率。

4. 改变消费观念

低碳经济需要在消费观念上进行改变。传统的消费模式往往以资源消耗为基础,对大气污染造成较大的负面影响。而绿色消费则强调选择环保、节能、低碳的产品和服务,有助于减少大气污染。鼓励消费者采取低碳生活方式、使用环保产品,不仅有利于改善大气环境质量,还可以推动绿色产业发展。

(二)资源节约与循环利用

注重科技创新。研发和应用新技术,可以改进生产过程,减少资源消耗,并且提高资源的利用效率。例如,在工业生产中,可以采用先进的生产技术和设备,以提高能源利用率,并减少废物的产生。还要开发新型的材料和产品,以替代传统的高能耗、高污染的材料和产品,从而实现资源的循环利用。

政府部门和企业应该加强资源管理和循环利用的政策支持和监管。政府要出台相应的政策,鼓励企业采取节约资源和循环利用的措施。例如,可以给予资源节约和循环利用的企业税收优惠、贷款支持和政策奖励等,以鼓励企业积极参与资源的节约利用和循环利用。政府还可以加强对企业的监管,确保其遵守资源管理和循环利用的相关法规和标准。

注重教育和宣传。通过加强环境教育,增强公众的资源意识和环境意识,人们要更加重视资源的重要性，并且更加积极地参与到资源的节约利用和循环利用中。媒体发挥着重要的宣传作用，可以通过报道和宣传资源节约和循环利用的成功案例，向公众传递节能降碳理念，激发人们的行动意识。

(三)生态保护与恢复

生态保护是指维护和保护自然生态系统的完整性和稳定性，而生态恢复则是指采取有效措施修复已经受到破坏的生态系统。这两者相辅相成，对大气污染治理具有重要的意义。

生态保护可以改善空气质量。生态系统可以吸纳和稀释空气中的污染物，通过植被的吸附作用、土壤的吸附和降解作用等，将大气中的有害物质转化为无害物质或减少其浓度。例如，森林可以吸收大量的二氧化碳并释放出氧气，起到净化空气的作用。因此，加强生态保护对于减少大气污染物的排放具有积极意义。

生态恢复可以修复受到破坏的生态系统，提高其对大气污染的抵抗能力。生态系统的稳定性和完整性是保障其发挥功能的基础。当生态系统被破坏时，其对大气污染的净化功能将受到影响。采取合适的恢复措施，如植树造林、湿地修复、土地治理等，可以恢复和重建生态系统的功能，增强其对大气污染的净化能力。

生态保护与恢复可以促进大气污染治理与绿色发展的融合。绿色发展追求经济发展与生态环境保护的协调，而生态保护与恢复正是绿色发展的重要组成部分。加强生态保护与恢复工作，可以提升大气污染治理的效果，同时推动经济绿色转型，实现可持续发展。例如，在生态保护与恢复的基础上，发展生态旅游、生态农业等绿色产业，既可以创造经济效益，又能减少大气污染物的排放。

生态保护与恢复需要政府、企业和公众的共同参与和努力。政府应增强环境保护意识，制定相关政策，提供经费支持和技术指导。企业应密切关注生态环境，并采取相应的环保措施，推动绿色生产和消费模式发展。公众也应增强环境保护意识，积极参与生态保护与恢复。

(四)绿色生产和消费模式

在现代化的工业社会中，生产和消费活动往往导致大量的废气、废水和固体废弃物排放，严重加剧了大气污染的问题。因此，要通过改变生产和消费方式，实现对大气污染的治理和减少废弃物排放。

在生产过程中减少或避免对环境的污染。为了实现绿色生产，可以采取多种措施。可以提倡使用清洁能源来替代传统的化石能源，这样不仅可以减少大气污染物的排放，还能够降低能源消耗。政府应该鼓励企业采用清洁生产技术，包括减少废气排放、废水排放和固体废弃物。建立绿色供应链是实现绿色生产的重要途径，减少运输过程中的能耗和排放，可以降低对大气环境的影响。

在选择产品和服务时，注重其环境友好程度。为了实现绿色消费，个人和社会都要发挥重要作用。个人可以选择购买更环保的产品，如能源高效的电器、使用环保材料的家具等。个人还可以减少消费的频率和规模，让资源得以充分利用，从而减少对环境的负面影响。社会则可以制定和推广相关的政策和标准，引导企业生产和消费行为向环保和可持续方向发展。

绿色生产和消费模式的推广不仅能够减少大气污染物的排放，还能够促进经济可持续发展。实施绿色生产和消费，可以改善大气环境，提高人们的生活质量，同时还能够推动绿色产业发展。绿色产业是指那些在产品生命周期中尽可能减少对环境的影响，并具备较低环境风险的产业。发展绿色产业，能够提供更多的就业机会，促进经济增长和创新。

第二节　土壤污染治理与绿色发展

一、土壤污染的主要来源

（一）工业活动

随着工业化进程的不断推进，大量的工业废弃物和排放物进入土壤中，导致了严重的土壤污染问题。其中，工业废水和工业废气是主要的污染源。

工业废水对土壤的污染不容忽视。许多工业在生产过程中会产生大量的废水，这些废水中含有各种有毒有害物质，如重金属、有机物和化学物质等。当废水通过排水渠流入土壤时，其中的有害物质会被土壤吸附或迁移至土壤深层，从而影响土壤的生物和化学性质。特别是重金属元素，具有较强的毒性和积累性，长期积累在土壤中会对生态系统和人类健康产生潜在威胁。

工业废气也对土壤造成了严重的污染。许多工业在生产过程中产生的废气中含有大量的有害气体和颗粒物，如二氧化硫、氮氧化物、烟尘等。这些有害气体和颗粒物在大气中通过沉降作用，最终落入土壤中。它们会改变土壤的酸碱度和微生物活动,破坏土壤生态系统平衡。一些有机气体还具有挥发性,能够进入土壤表层,进一步加剧土壤污染问题。

(二)农业活动

在农业生产过程中,广泛使用化肥、农药和畜禽养殖废弃物的处理不当等因素都会对土壤造成污染。

1.化肥的使用量过高

尽管这些元素对农作物的生长起到了促进作用,但当施肥过量或者施肥方法不当时,残留在土壤中的氮和磷元素会被输送到地下水和表面水体中,导致出现水体富营养化现象。部分农作物无法完全吸收氮肥,残留在土壤中的氮会被微生物转化为硝态氮,并通过水分迁移到地下水体,造成地下水污染。

2.农药使用不合理

农民在农作物生长过程中会大量使用农药,以抑制虫害、草害和病害的发生。过量使用农药不仅会对有益昆虫和土壤微生物产生负面影响,还会导致农药残留在土壤中。这些残留物可随着降雨和灌溉水进入土壤深层,对地下水质形成潜在危害。

3.畜禽养殖废弃物处理不当

随着畜禽养殖规模的扩大,畜禽粪便和尿液的处理问题日益凸显。如果这些废弃物不经科学处理而直接施用于农田,废弃物中的氮、磷等元素就会大量积累在土壤中,导致土壤肥力过高,产生残余氮溶出和滞留现象,加剧土壤中的养分失衡和水体污染问题。

(三)生活垃圾和污水排放

随着城市化进程的加速推进和人口的增加,生活垃圾的产生量不断增加,污水排放量也大幅上升。这些垃圾和污水中所含的有害物质对土壤环境构成了潜在威胁。

生活垃圾中的有机废弃物的污染。随着人们消费能力的提高和生活方式的改变,大量生活垃圾中含有不可降解的有机物质,如废纸张、食品残渣等,这些有机废弃物在堆肥和填埋过程中会产生有害气体和液体，进而渗入土壤，对土壤微生物和植物造成危害。

污水排放污染。随着城市化进程的快速，城市污水处理设施建设和运营变得更加重要。由于技术和管理不完善，部分地区的污水处理设施存在处理不彻底、排放不规范等问题。未经处理的污水被排入土壤中，会导致土壤中的重金属、有机物和细菌等有害物质超标，从而造成土壤污染。

在城市化进程中，大量土地被改造为建筑用地，导致土地的封禁和水分利用不畅。这使得城市中产生的雨水无法充分渗透，而是流入下水道，带走了大量有机质和营养物质，使土壤贫瘠化。当下水被排入土壤时，其中的污染物质会随之渗入土壤，进一步加剧了土壤污染。

生活中的化学和日常用品污染。例如，家庭清洁用品、化妆品等中的化学物质和塑料制品中的塑化剂都含有有害物质，当这些物质被随意丢弃或者不正确处理时，就可能对土壤造成污染。

(四)自然因素

与人类活动相比，自然因素对土壤污染的影响可能相对较小，但其影响不容忽视。

地壳运动、火山喷发、地震等地质活动会导致土壤中原本储存的有害物质被释放到环境中，进而引发土壤污染。例如，火山喷发会释放大量的有害气体和重金属，落在土壤上后会对土壤质量造成损害。

水和风的侵蚀作用。内陆水域的泛滥、河流的冲击以及风的侵蚀都会导致土壤流失和纳米颗粒悬浮，加速土壤中的有害物质向周围环境扩散。

气候变化会导致降水量、温度等环境条件的变化，从而影响土壤的特性和组成。例如，降水量的变化会影响土壤中的水分含量，从而影响土壤中有害物质的迁移和转化。温度变化也会导致土壤中微生物的活动和地球化学过程的变化，从而影响土壤中有害物质的积累和分布。

二、土壤污染治理创新策略

(一)物理方法的创新

在土壤污染治理中，物理方法不涉及化学物质的添加，而是依靠物理力量对土壤进行处理，以达到净化和修复的目的。

1.土壤渗滤

土壤渗滤即利用土壤颗粒和孔隙的特性，将含有污染物的水或气体通过土壤层进行过滤和净化。这种方法可以有效去除土壤中的悬浮污染物，如重金属离子、有机物等。土壤渗滤还可以利用土壤的吸附作用，将污染物降解或转化为无害物质。

2.电动修复

该方法利用电场作用力，通过电动驱动污染物在土壤中迁移和转化。具体而言，在土壤中注入电流，可以在土壤中形成带电的离子或气泡，从而改变土壤中污染物的迁移行为。调控电场的大小和方向，可以实现污染物转移和集中处理，从而实现土壤污染的修复。

3.热处理技术

热处理技术是通过加热土壤，使污染物分子或离子脱附或降解，从而净化土壤。这种方法在处理高浓度、难降解的有机物污染物时表现出色。控制热处理条件，如温度、保持时间等，可以实现对不同类型污染物的有效处理。

（二）化学方法的创新

随着科学技术的不断发展和进步，越来越多的创新化学方法被引入土壤污染治理中，以解决严重的土壤污染问题。

1.化学稳定化

添加化学物质来稳定土壤中的污染物，可以降低其毒性及迁移性。例如，添加固定剂可以将重金属等污染物转化成难溶性沉淀物，从而减少其对周围环境的危害。化学稳定化不仅可以减少土壤的毒性，还可以提高土壤质量，为土壤生态系统的恢复提供条件。

2.氧化还原法

该方法通过调整土壤中的氧化还原环境来降解污染物。例如，在还原条件下，部分有机污染物可以被还原成无害物质。而在氧化条件下，一些难降解的有机污染物可以被氧化成较为容易降解的物质。氧化还原法的应用可以有效地改善土壤质量，减少土壤中的有害物质，提高土壤的生态功能。

3.化学修复

该方法通过添加特定的化学物质来改变土壤中有害物质的特性，使其转化为无毒或低毒性物质。例如，酸洗法可以通过酸性溶液的作用将重金属离子与土壤颗粒相结合，从而减少其迁移量。化学修复不仅可以有效地去除土壤中的污染物，还能够改善土壤的物理性质，提高土壤的可持续利用性。

4.化学合成

这种方法主要用于制备新型的吸附剂，通过其对土壤中污染物的选择性吸附，实现污染物的去除和修复。例如，利用纳米材料可以制备高效的吸附剂，具有更好的吸附能力。化学合成的新型吸附剂在土壤污染治理中具有较高的应用价值和潜力。

(三)生物方法的创新

生物方法通过利用生物体的生命活动和代谢过程来降解、转化或吸附污染物，从而减少土壤污染程度。在过去的几十年中，针对不同类型的土壤污染，生物方法不断进行创新和发展。

1.基于微生物的生物修复技术

微生物是自然界中广泛存在的一类生物体，它们具有很强的降解能力。生物修复技术利用这些微生物来降解土壤中的有机污染物，通过构建适宜的微生物种群来加速降解过程。近年来，针对一些难降解的有机污染物，如苯系化合物和多环芳烃，研究人员通过分离和培养具有特殊降解能力的微生物菌株，并进行基因工程改造，使其具备更强的降解能力。这些创新的生物修复技术在实际应用中取得了显著效果。

2.植物修复技术

植物具有较强的吸附和富集污染物的能力，可以将有机污染物吸收到根系中，并通过代谢作用将其转化为无毒或低毒的物质。近年来，研究人员通过筛选和培育高效的植物品种，探索土壤微生物和植物根系的协同作用，提高植物修复效率。例如，利用芦苇、薰衣草等植物来修复富集重金属的污染土壤，通过植物的根系吸收和富集重金属离子，取得净化土壤的效果。

3. 生物活性物质的应用

生物活性物质是指具有一定生物活性和生物降解能力的化合物，如生物界面活性剂、酶和微生物代谢产物等。这些物质可以改善土壤的环境条件，促进土壤中有害物质降解和转化。例如，添加生物界面活性剂能够改善土壤中有机污染物的分散性和迁移性，促进其被微生物分解；利用酶可以加速土壤中有机污染物的降解过程。

（四）综合方法的创新

综合方法是一种综合运用物理、化学和生物方法来治理土壤污染的策略。它通过各种技术手段的有机结合，充分发挥不同方法的优势，形成协同效应，提高土壤污染治理的效果和效率。

在综合方法中，物理方法起着重要的作用。物理方法通过机械手段对土壤进行处理，如土壤剥离、挖掘、覆盖等，以去除或隔离污染物。同时，物理方法还可以通过改变土壤的物理结构增强土壤的自净能力。例如，改善土壤通气性和渗透性，可以促进氧气和水在土壤中流动，加速有机污染物的降解和排除。

化学方法是综合方法不可或缺的一部分。化学方法主要通过添加或注入化学剂来改变土壤环境，从而降解或固化污染物。例如，采用氧化剂、还原剂或酸碱中和剂等化学品，可以促使土壤中的有机污染物发生氧化、还原或中和反应，从而将其转化为无害物质或减少其毒性。化学方法还可以通过添加吸附剂、沉淀剂等材料来吸附或沉淀土壤中的重金属等污染物，达到减少其迁移和生物有效性的目的。

生物方法是综合方法中的一种重要手段。生物方法通过利用植物、微生物等生物体的生理生化反应来修复土壤污染。植物修复是指通过植物的吸附、吸收和转运作用，将污染物从土壤中吸附到植物体内，从而降低土壤的污染程度。微生物修复则是利用土壤中存在的或添加的微生物群落来降解有机污染物或还原无机污染物。这些生物体通过代谢作用，将污染物降解为无害物质或将其还原为不易迁移的形态。

综合方法的创新不仅仅在于单一方法的改进，更重要的是不同方法之间的协同作用。各种方法有机结合，可以充分利用不同方法的优势，弥补它们的不足，提高治理效果。例如，先应用物理方法去除土壤表层的污染物，然后通过生物方法和化学方法进一步降解污染物的浓度和毒性。又如，在使用化学方法固化污染物时，可以利用生物方法引入适宜的微生物来降解残留污染物，进一步提高治理效果。

三、土壤污染治理对绿色发展的推动作用

（一）改善土壤质量

在土壤污染治理中，土壤质量的改善不仅可以减少土壤污染的影响，还可以为绿色发展提供坚实的土壤基础。改善土壤质量，可以采取以下一系列措施。

1. 建立土壤监测和评估体系

对土壤进行系统的监测和评估，可以及时了解土壤质量的变化和污染程度，为后续的治理措施提供科学依据。建立土壤质量评价标准和指标体系是必不可少的，这些措施能够准确地评估土壤的质量状况。

2. 采用生物修复技术

生物修复是指利用特定的生物活动或微生物作用，通过生物体对污染物的吸附、降解、转化等过程来修复受污染的土壤。引入适宜的植物和微生物，可以加速污染物降解和土壤恢复。例如，植物可通过吸收和转移土壤中的有害物质，促进土壤的净化和修复。

3. 合理利用农业废弃物和有机肥料

农业废弃物和有机肥料中含有丰富的有机质和养分，可以改善土壤的结构和肥力。将农业废弃物和有机肥料施入土壤，可以增加土壤的有机质含量，提高土壤保水能力和保肥性，从而改善土壤质量，促进植物健康生长。

4. 推广科学的农业耕作方式

传统的农业耕作方式往往会对土壤造成破坏，如过度耕作、单一种植等。而科学的农业耕作方式，如合理的轮作休耕、有机耕作等，可以增加土壤的有机质含量，提高土壤的肥力和水分保持能力。科学耕作方式的推广可以有效地改善土壤质量，并为绿色发展提供可持续的农业生产基础。

(二)生态环境保护

在过去的几十年里，土壤污染的严重性逐渐被人们认识到，人们开始认识到保护生态环境的重要性。为了实现绿色发展，必须保护土壤生态环境，使其能够持续发挥其生态功能和提供生态服务。

1.促进土壤质量提升

土壤是生态系统的重要组成部分，它不仅是植物生长的基质，还具有调节水分循环、保持水质安全、维持生物多样性等重要功能。加强对土壤生态环境的保护，可以改善土壤质量，提高其肥力和持水能力，为农作物生长提供更好的环境条件。

2.维护生物多样性

土壤是许多生物的栖息地或栖息地的基础，对土壤生物多样性的保护具有重要意义。土壤中存在大量的微生物、动物和植物，它们相互作用，共同维持着土壤生态系统的平衡。保护土壤生态环境，可以保护土壤中生物的多样性，维护生态系统的稳定性。

3.促进土地资源可持续利用

土壤是一种宝贵的自然资源，对农业、工业和城市建设等领域都具有重要意义。保护土壤生态环境，可以减少土壤退化和土地沙化，保持土地的可持续利用潜力。同时，生态环境保护还可以减少土壤侵蚀、水土流失等问题，保护水资源的安全和可持续利用。

4.积极推动社会经济绿色发展

在实现可持续发展的过程中，保护环境成为一个重要的关键词。保护土壤生态环境，可以促进资源的合理利用和循环利用，减少资源浪费和环境污染，为绿色经济发展提供良好的土壤基础。

(三)资源的可持续利用

土壤作为重要的自然资源，质量改善和生态环境的保护必须以资源的可持续利用为基础。在推动绿色发展的过程中,土壤污染治理需要注重资源的合理利用,以确保资源的持续供应和可持续利用。

要求发展和推广高效的土壤污染治理技术和方法。例如,采取生物修复、化学修复和物理修复等手段可以有效地修复和治理土壤污染。这些技术和方法具有较高的效率和可持续性,可以最大限度地减少对土壤资源的消耗,同时提高土壤质量,促进资源可持续利用。

需要依靠科学合理的农业耕作模式。合理的农业耕作模式可以减少对土壤资源的过度利用和破坏,实现土壤的健康发展和资源的可持续利用。比如,采取轮作制度、有机农业和精细施肥等措施,可以减少农药和化肥的使用量,降低对土壤的污染风险,提高土壤质量,促进资源可持续利用。

需要在土壤污染治理中注重废弃物的循环利用。废弃物循环利用可以最大限度地减少废弃物对环境和土壤的污染,同时提高资源的利用效率。例如,废弃物经过合理的处理和利用,可以成为有机肥料或能源,实现资源的再生利用,减少对自然资源的依赖,促进资源可持续利用。

(四)社会经济的绿色发展

社会经济绿色发展能够推动土壤污染治理的技术创新和产业升级。随着绿色环保理念的提倡和环境保护法规的制定,企业纷纷注重环境友好型的生产方式和清洁技术的应用。这就催生了一批专注于土壤污染治理的科技创新企业,并推动了土壤修复技术不断发展。社会经济绿色发展也鼓励企业进行产业升级,逐渐淘汰高污染、高能耗的产业,转向低碳、循环经济的发展模式。

社会经济绿色发展为土壤污染治理提供了市场机遇。随着全球环保意识的增强和绿色消费的兴起,越来越多的消费者开始选择购买绿色、环保的产品和服务。这种消费需求的改变带动了绿色产业的发展和壮大,同时也为土壤污染治理提供了更多的市场机会。例如,在农业方面,有机农业得到了推广和普及,减少了化肥和农药对土壤的污染;在城市发展方面,绿色建筑和可持续发展理念也得到了广泛应用,降低了城市土壤的污染风险。

社会经济绿色发展还促进了土壤污染治理和资源的可持续利用。它提倡节约资源、循环利用理念,推动了资源的有效利用和再利用。例如,推广废弃物回收和再利用,可以减少对土壤的二次污染,提高土壤的可持续利用率。

四、绿色发展对土壤污染治理的要求

(一)土壤污染治理的生态化

1.强调生物多样性保护和恢复

在污染源治理的基础上,引入合适的生物修复方法,利用植物、微生物等生物体的作用,加速土壤中污染物的降解和转化过程。例如,植物的吸收和转运机制可以有效去除土壤中的重金属等有害物质,同时也可以通过释放根际物质促进土壤微生物活动,进一步促进土壤环境恢复和修复。

2.注重生态功能的重建

在土壤污染治理过程中,需要恢复受损的土壤生态功能,使其能够维持良好的水土保持能力、自然物质循环能力和生命维持能力。引入植被覆盖措施、改善土壤结构等,可以增加土壤的保水性和抗侵蚀性,降低土壤侵蚀和水土流失风险,从而维护土壤生态系统的稳定性。

3.强调生态修复的持续性和可持续性

建立长期监测体系和评估机制,及时了解土壤治理的效果和生态恢复的进展情况,以科学的方法指导后续的治理工作。同时,加强与当地居民和农民的沟通与合作,提高他们的环境意识和参与度,形成治理合力,确保治理措施长期有效。

(二)土壤污染治理的系统化

在土壤污染治理过程中,系统化强调了治理工作的整体性和综合性,将各个环节和措施有机结合起来,形成一个相互协调、相互作用的系统。系统化的土壤污染治理有助于提高治理效率,降低治理成本,取得可持续和长期的治理效果。

1.建立科学的评估体系

对土壤污染的程度、范围和风险进行全面评估,可以明确治理的重点和优先级,指导治理方案的制定和实施。评估体系应该包括多种指标和技术手段,如土壤监测、污染物迁移模型、生态风险评估等,以确保评估结果的准确性和全面性。

2.建立完善的治理体系

这个体系应该包括政策法规、组织机构、技术手段和资金保障等方面的配套措施。政策法规的建立可以为治理工作提供法律依据和操作规范，组织机构的建设可以实现治理工作的统筹协调，技术手段的应用可以提高治理效率和效果，资金保障可以保证治理工作顺利进行。这些方面的有机结合可以形成一个具有协同作用的治理体系，实现治理工作有序推进。

3.注重信息共享和沟通合作

治理过程中涉及多个相关方，如政府、企业、专家、公众等，他们的参与和协作对于系统化治理至关重要。信息共享和沟通合作可以实现信息的及时传递和共享，消除各方之间的误解和分歧，促进合作关系的建立和发展。只有在多方合作的基础上，系统化的治理才能真正取得显著成果。

（三）土壤污染治理的科技化

科技化的污染治理方法以高新技术为支撑，通过引入先进的科学技术手段，提高土壤污染治理的效率和效果。科技化污染治理的主要目标是通过科技手段解决土壤污染问题，并实现土壤的修复和保护。

1.依靠先进的污染检测技术

使用现代化的土壤污染检测设备和方法，可以准确地确定土壤污染的类型、程度和范围。这为针对性地治理提供了重要依据。检测技术的发展不仅提高了土壤污染的检测准确性，还缩短了检测时间，降低了治理成本。

2.依赖先进的污染修复技术

传统的土壤修复方法效果有限，而科技化的修复技术则具有更好的治理效果。例如，生物修复技术通过引入特定的微生物，可以降解土壤中的有害物质，从而实现土壤的修复；还可以利用高级氧化技术、电化学技术等先进技术进行土壤污染的修复工作。

3.强调科学管理与监测

建立科学的土壤污染风险评估系统和监测体系，可以及时掌握土壤污染情况，并对治理效果进行跟踪监测。科学的管理与监测可以为决策者制定科学合理的污染治理政策和措施提供科学依据和支持。

4.需要广泛应用信息技术

信息技术的应用可以加强数据的收集、整理和分析，为土壤污染治理提供决策支持。同时，信息技术的广泛应用还可以发挥治理过程中的协同作用，加强各方之间的信息共享与交流。

5.需要各方共同参与

科技化污染治理的实施需要政府、企业、科研机构和社会公众共同参与。政府应加大对科技化污染治理的支持力度，提供资源和政策保障。企业应加大科技投入，积极推动科技创新，提高污染治理效率。科研机构应加强科研力量，开展创新研究，为科技化污染治理提供技术支持。社会公众应增强环境意识，积极参与污染治理，共同推动绿色发展。

（四）污染治理的社会化

社会化污染治理的意义在于将治理责任和参与权力下放给社会各个主体，形成全社会共同参与、共同治理的格局。社会化污染治理，可以更好地促进土壤污染治理的全面推进，实现绿色发展的目标。

1.加强治理责任的落实

在传统治理方式中，责任主体多为政府机构或相关部门，单一的责任承担模式限制了治理效果的提升。而社会化污染治理，可以将责任下放给社会各个主体，如企业、农户、居民等，使其真正参与到治理工作中，共同承担责任。这种责任下放的模式能够有效地推进治理工作的落实，提高治理效率和治理成效。

2.增强治理的可持续性

由于土壤污染的复杂性和长期性，仅依靠政府单一行动难以取得长远效果。而社会化污染治理，可以实现资源的共享和优势互补，充分发挥各方的力量。比如，企业可以提供治理技术和资金支持，专业机构可以提供技术咨询和监测服务，社区居民可以落实治理措施等。这种多方参与的社会化治理模式可以形成多元合力，形成长期稳定的治理机制，有利于保障治理工作可持续开展。

3.促进公众参与和增强参与意识

广泛开展环境教育、宣传活动和借助社会媒体等渠道，可以提高公众对土壤污染的认知和关注程度，激发公众参与的积极性。公众的参与和监督能够有效地促使责任主体履行职责，推动各方合力推进治理工作。同时，公众的参与也有利于凝聚社会共识，形成社会各界对土壤污染治理的共同理解和共同行动。

第三节　水污染治理与绿色发展

一、水污染的主要来源

（一）工业废水

随着工业化进程的加快，大量工业废水的排放对水环境造成了严重的破坏。工业废水的主要特点是水质复杂多变，含有大量的有机物、重金属和其他污染物。正是由于工业废水的特殊性，治理工业废水需要采取创新策略。

在技术创新驱动策略的引领下，工业废水的处理技术不断更新和完善。例如，采用生物降解技术、膜分离技术和光催化技术等，能够有效去除废水中的有机物和重金属离子，提高水质处理效果。

在市场化运作策略的推动下，鼓励企业建设和运营污水处理设施。政府可以通过引入市场机制、提供经济激励和政策支持，推动企业积极投资和运营污水处理设施，减少工业废水排放。

公众参与策略起到了重要的作用。公众关注、监督和参与工业废水治理，能够提高治理效果。政府通过加强宣传，鼓励公众参与废水治理决策的制定和项目实施过程，形成政府、企业和公众共同参与的格局。

智能检测与预警系统的建设对工业废水治理具有重要意义。建立智能化的监测和预警系统，能够实时掌握废水的排放情况和水质变化，及时采取措施，有效预防和控制工业废水污染。

（二）农业面源污染

随着农业生产规模的扩大和生产方式的变革，农业面源污染问题日益凸显。

农业面源污染主要是指农业生产过程中产生的农药残留、化肥过量使用、农田灌溉排水中的养分流失等问题，给水资源和生态环境带来了严重的威胁。

1.农药残留

为了提高农产品产量和保障其品质，农民在农田中广泛使用农药。然而，农药使用不当或者过量使用导致了农药在土壤中残留的问题。这些农药不仅对土壤和水体造成污染，还对农民和消费者的健康构成潜在威胁。

2.化肥过量使用

为了提高农作物的产量，农民广泛使用化肥。过量使用化肥导致了大量的养分流失，污染了水域。特别是在农田灌溉排水中，养分流失现象严重。这不仅造成了水体富营养化，还引发了水体中藻类过度繁殖，破坏了生态平衡。

3.农田灌溉排水

农田在农作物生长和发展过程中需要供应适量的水分，因此灌溉是农业一项必要的活动。然而，灌溉排水中含有农药残留、化肥养分等有害物质，这些物质很容易通过水体流入周围的生态环境，对水质造成污染。

（三）城市生活污水

城市生活污水是城市居民日常生活中产生的一种废水，主要来自家庭、商业区和公共设施等。在城市化进程加速的背景下，城市生活污水量不断增加，其中包括家庭中的洗浴污水、洗涤污水和厨房污水等，商业区产生的商业排放废水，以及公共设施如医院、学校等产生的废水。

城市生活污水中含有大量的有机物、营养盐、重金属等污染物，其排放会直接对周围的水环境造成污染，严重影响水资源的可持续利用。高浓度的有机物和营养盐会导致水体富营养化，引发水华等问题，破坏水生态系统的平衡。同时，城市生活污水中的重金属等有害物质对人体健康存在潜在威胁。

二、水污染治理创新策略

（一）技术创新驱动策略

随着科技的不断进步，各种先进的水污染治理技术被不断研发和引入，为水环境保护提供了新的解决方案。在技术创新驱动策略中，重要的一点是加强对污染源的治理和控制。

1. 开发和应用高效、节能的废水处理技术

例如，采用膜分离技术、电解技术等先进方法，能够高效去除废水中的有机物、重金属等有害物质，提高废水处理的效率和质量；利用生物技术和植物修复技术等生态处理方法，可以实现废水的自然净化和生态修复，进一步降低治理成本。

2. 建设监测和预警系统

借助智能检测技术和远程监控技术，可以实时、准确地监测水质状况和污染源排放情况。建立智能预警系统，能够及时发现和处理水污染事件，最大限度地减少污染对水环境的影响，并采取相应的应急措施。

3. 建设信息化管理系统

建立精细化管理平台和数据共享机制，可以实现对水污染治理流程的全面监控和数据分析。这将提高治理效率和管理水平，有力支撑起水污染治理工作的科学决策和精细化管理。

4. 加大研发投入和技术转化力度

在技术创新驱动策略下，政府、企业和科研机构应加强合作，加大研发投入和技术转化力度。政府应加强技术创新的政策支持和引导，提供资金和税收优惠等激励措施，推动创新成果的应用落地。企业应加强自主研发和技术引进，不断提升核心竞争力。科研机构应加强基础研究和应用研究，为技术创新提供理论和实践支撑。

(二)市场化运作策略

随着经济的发展，治理水污染面临巨大的挑战，传统的行政手段已不能满足需求。市场化运作策略的核心理念是利用市场机制推动水污染治理。

鼓励企业和机构主体通过市场交易来实现水污染治理。在传统行政指令模式下，企业只顾追求经济效益，对环境保护的积极性不高。而通过市场化运作，建立健全的排污权交易市场，可以将污染排放权进行有偿交易，使企业在污染排放方面承担经济责任。通过市场交易机制，污染排放权的价值得以凸显，企业在追

求经济效益的同时也会重视环境保护。

鼓励技术创新和产业升级。建立技术创新激励机制和制定研发资金支持政策，引导企业加大对环保技术研发的投入。同时，鼓励企业进行产业升级，提高水污染治理设备和技术的先进性和适用性。市场化运作机制可以促进企业间的竞争，推动技术创新和产业进步，从而实现水污染治理的技术升级和提升。

还可以有效引导社会资本参与水污染治理，促进资源有效配置。引入社会投资和民间资本，可以有效拓宽水污染治理的资金来源，提高资金的使用效率。同时，利用市场机制，鼓励社会企业、NGO组织等非政府主体参与水污染治理，实现公众监督和参与的有效机制。公众意识的增强和参与度的增加，对水污染治理的长远发展具有重要意义。

（三）公众参与策略

实现公众有效参与，不仅能提高治理效果，还能增强公众对水污染治理工作的满意度和信任度。公众参与策略旨在让民众充分了解水污染的危害性和治理措施，鼓励他们积极参与到治理过程中。

1.增强对公众的宣传意识

通过举办宣传教育活动、制作宣传资料、开展媒体宣传等形式，向公众普及水污染知识，提高公众对水污染问题的认知。可以借助新媒体平台，如微博、微信公众号等，加强与公众的信息互动，及时回应公众关切和疑虑，建立良好的沟通渠道。

2.建立健全公众参与机制

通过设立咨询委员会、成立志愿者团队等形式，吸引公众积极参与水污染治理工作，调动他们的专业知识和经验。要加强与社会组织和研究机构的合作，共同研究和制定水污染治理政策，确保公众的意见得到充分采纳。

3.充分尊重公众的主体地位

在公众参与过程中，应充分尊重公众的主体地位，激发民众的主动性和创造性。通过征求意见、开展问卷调查、举办听证会等形式，广泛听取公众的意见，使他们的声音被真正反映和采纳。要加强公众参与的监督机制，确保治理工作的公正性和透明度。

4.加强公众参与的培训和教育

通过组织专题培训班、开展工作坊等形式，提高公众的治理意识和能力，培养公众参与水污染治理的意愿和能力。同时，要加大对公众参与者的奖励和激励力度，鼓励更多的公众积极参与到水污染治理工作中。

（四）智能检测与预警系统建设

智能检测与预警系统通过采用先进的传感器技术和数据分析算法，能够实时监测水质状况，并及时预警可能出现的水污染事件。在水污染治理过程中，建设智能检测与预警系统不仅能够提高治理效果，还可以大幅节约资源和成本。

智能检测与预警系统能够实现对水污染源的快速定位和溯源。通过网络传感器的布设和数据传输，系统能够实时监测各个污染源的水质状况，并将监测数据实时上传至监测中心。监测中心通过数据分析和处理，可以准确定位污染源的位置和污染物的种类，为进一步的污染治理提供有力的依据。

智能检测与预警系统能够实现水污染的早期预警和迅速应对。系统通过对水质数据的实时监测和分析，可以及时发现异常水质情况，并通过短信、App等途径向相关部门和公众发送预警信息。这样一来，相关部门和公众可以迅速采取措施，避免水污染事件扩大和蔓延，保护水资源和人民的生命安全。

智能检测与预警系统还能提高水污染治理的效益和可持续性。传统的水污染治理模式通常需要大量的人力和物力投入，而且对污染源的监督和控制存在一定的局限性。而智能检测与预警系统可以实现全方位的水质监测和数据采集，这极大地提高了治理的精准度和效率，减少了资源和成本的消耗。

三、水污染治理对绿色发展的推动作用

（一）促进生态环境改善

水污染治理能够保护水生态系统的稳定性和完整性。水生态系统是许多生物的栖息地，也是维持生态平衡的重要组成部分。然而，水污染破坏了水生态系统的结构和功能，导致生物多样性下降、生态链断裂等问题。通过治理水污染，我们能够恢复和保护水生态系统的健康状态，为物种的繁衍生息提供良好的环境。

水污染治理对水资源的保护和可持续利用具有积极意义。水是人类赖以生存和发展的重要资源，但水污染威胁着水资源的可持续利用。采取有效的水污染治理措施可以净化水质，确保水资源的安全性和可用性。同时，通过优化水资源配置和利用效率，水污染治理还能够推动水资源的可持续利用，满足社会经济发展的需求。

水污染治理对生态保护和修复具有重要意义。水污染破坏了自然生态系统的平衡和稳定，如湿地退化、河流富营养化等现象屡见不鲜。治理水污染，能够修复受损的湿地和河流生态系统，恢复其自然功能和生态价值。这将有助于维护生物多样性，改善自然景观，促进生态环境持续改善和保护。

(二)推动经济转型升级

水污染对经济发展和社会进步构成了严重威胁，因此必须通过全面的经济转型来应对这一挑战。

1. 推动产业结构优化升级

经济转型与水污染治理紧密结合可以推动产业结构优化升级。传统的高污染、高排放行业对环境的压力较大，而推广和应用环保技术，可使传统产业向低污染、高效能方向转型升级。例如，在重点行业中，引导企业采用清洁生产技术，实现废水减排和资源回收利用，从而降低水资源消耗和水污染排放。

2. 推动绿色产业发展

以水污染治理为契机，培育和发展绿色产业将为经济转型提供新的增长点和动力。投资绿色技术研发、绿色产品制造以及环保服务等领域，可以创造就业机会并提高产业附加值。发展绿色产业还能够促进资源的节约利用和循环利用，减少水资源消耗。

3. 推动节约型社会建设

改变人们的生活方式和消费习惯，推广节约型生活理念，减少对水资源的浪费和过度使用。例如，鼓励水资源定价和市场化运作，提高用水成本，使人们更加理性地使用水资源，避免浪费和滥用。加强水资源管理和监控，推动信息化技术在用水领域的应用，智能控制用水设备的发展，也能有效提高水资源利用效率。

4. 政府、企业和社会公众共同参与

在经济转型升级过程中，政府、企业和社会公众的共同参与是至关重要的。政府在推动经济转型的同时，需要加强政策引导和监管，为水污染治理提供政策支持和经济激励措施。企业则应主动担负起社会责任，加大环保投入，积极推动自身进行技术创新和管理改进。社会公众应增强环境保护意识，积极参与水污染治理，共同为经济转型升级和水环境改善做出贡献。

(三)提升社会可持续发展能力

水污染对社会经济发展和人民生活产生了巨大的影响，而要实现可持续发展，就必须增强社会的能力和意识，以应对水污染挑战。

1. 加强宣传教育工作

广泛宣传，向公众普及水污染的危害和治理的重要性，提高公众对水环境的关注度和保护意识。同时，加强人们对水污染治理政策的理解和认同，使之成为每个人都积极参与和支持的共识。

2. 加强社会参与和合作

加强社会参与和合作是提升社会可持续发展能力的关键。社会各界的力量和智慧是推动水污染治理的重要力量。政府、企业、非政府组织以及公众应共同参与水污染治理，形成合力。政府应加强法治建设，制定相关政策和行动计划，引导和推动企业改善生产工艺，减少污染物排放。同时，鼓励和支持非政府组织积极参与水污染治理，并提供必要的技术和经济支持。

3. 借助科技创新的力量

借助科技创新的力量，提升社会可持续发展能力是必不可少的。智能检测与预警系统能够提前发现和预测水污染事件，保障水环境安全。同时，利用大数据和人工智能技术，对水污染进行精细化监管和治理，并优化资源配置，提高治理效率。

4. 加强国际合作与交流

加强国际合作与交流是提升社会可持续发展能力的重要途径。水污染是全球性问题，没有国界之分。各国应积极加强合作，共同应对水污染挑战。在国际层面分享经验和技术，制定共同的标准和准则，推动水污染治理全球合作，实现可持续发展的共同目标。

(四)助力生态文明建设

生态文明建设旨在实现经济、社会和环境的协同发展，通过保护和修复生态系统，促进生态环境改善。在水污染治理中，生态文明建设扮演着推动绿色发展的关键角色。

1.提供重要的水资源保障

助力生态文明建设可以提供重要的水资源保障。水资源是生态系统的重要组成部分，也是人类社会发展的基础。治理水污染，保护水体的生态功能，可以有效地保障水资源的可持续利用。同时，生态文明建设还可以通过生态修复、湿地保护等措施，增加水体的净化能力，进一步提升水资源的质量和数量。

2.推动生态产业发展

助力生态文明建设可以推动生态产业发展。生态产业是指以生态保护和环境修复为目标的产业，具有绿色、低碳、环保的特点。水污染治理需要依靠技术创新和市场化运作策略，这为生态产业发展提供了机遇。引入先进的水污染治理技术和设备，推动相关产业链升级和转型，能够促进生态产业增长，实现经济转型升级。

3.增强社会的可持续发展能力

助力生态文明建设可以增强社会的可持续发展能力。水污染不仅对生态环境造成了严重破坏，也给人们的生活和健康带来了威胁。加强水污染治理和生态文明建设，可以改善水环境质量，减少水污染对人类社会的危害。同时，这也为促进社会可持续发展提供了有力的支撑，提高了社会的抗风险能力，推动了社会健康发展。

四、绿色发展对水污染治理的要求

(一)高标准的水质要求

当前，在全球范围内，水污染已成为一个严重的环境问题，对人们的生活、健康和生态系统构成了巨大的威胁。为了解决这一问题,高标准的水质要求被提出并被广泛应用。

高标准的水质要求意味着水体的化学、物理和生物性质都须达到一定的标准。这些标准不仅要求水中的污染物浓度低于某个阈值,还要求水体中的微生物种类和数量达到特定的要求。这样可以确保供水的安全性和可靠性,避免人类生活中因饮水受污染而引发的健康问题。

高标准的水质要求对源头控制和综合治理提出了更高的要求。源头控制意味着在生产和生活活动中,改进工艺、减少有害物质的产生和排放,从根本上降低污染物进入水体的可能性。综合治理则意味着综合考虑不同污染源的特点和影响路径,采取多种手段进行治理,最大限度地消除或减少水污染。

高标准的水质要求还要求加强监管和促进公众参与。监管是保障水质达标的重要手段,加大对各类污染源的监测和执法力度,可以有效遏制违法排放和不合规行为。公众参与则能够提高社会对水污染治理的关注度和参与度,形成社会共治的局面,更好地推动水污染治理工作的开展。

(二)源头控制与综合治理

源头控制的核心思想是从污染产生的源头入手,采取措施减少或避免对水环境的污染。综合治理则侧重于综合考虑不同污染源和因素,通过协同行动和综合治理手段,推动水污染治理效果最大化。

源头控制对水污染治理具有重要意义。源头控制能够在最初的环节上预防和减少水污染物的排放,从而有效降低后续处理的难度和成本。制定严格的排放标准和强化监管措施,可以促使企业、农田和城市居民等各个污染源严格遵守环境法规,减少有害物质的排放。

综合治理在水污染治理中发挥着重要作用。综合治理强调的是全面考虑和综合协调各个污染源的治理措施。综合应用物理、化学和生物等多种方法,可以对不同类型和程度的污染进行综合治理,提高治理效果。综合治理还强调各方主体的协同和合作,通过整合资源和优化配置,实现水污染治理的最大化效益。

在源头控制和综合治理中,技术创新是推动水污染治理的关键因素。新技术的引入和应用能够提高污染物去除率和净化效果,同时降低污染治理的成本和能源消耗。例如,利用生物技术和膜分离技术可以高效去除废水中的有机物和微生物等污染物;利用光催化和电化学技术可以高效降解和转化废水中的有害物质。

（三）强化监管与公众参与

政府需要加大对水污染治理的监督力度，建立健全相关法律法规，明确责任分工和执法标准。同时，加强监测手段的研发与运用，提高检测水平，及时发现和排查水污染问题。

要加强行业自律和自我管理。企业要依法依规生产经营，建立健全污染治理制度和管理体系。政府应当加强对企业的监督和管理，对不符合要求的企业进行处罚，并及时公示违规企业名单，形成压力和警示，推动企业自觉加强水污染治理措施的落实。

注重公众参与。公众参与能够增加治理的透明度和公正性，提高治理结果的可信度和可持续性。政府应当加强对公众的教育和培训，增强公众的环境保护意识和参与能力。同时，政府要积极开展公众参与活动，听取公众对水污染治理的意见和建议，形成多元共治的局面。在公众参与中，要注重信息的传递和共享。政府应当及时公布有关水污染治理的信息，包括治理进展、治理效果、相关数据等。这样可以提高公众的知情权，增加公众对治理工作的认同感和参与度。

第五章　绿色发展格局的构建

第一节　加强绿色治理

一、环境治理、生态修复与资源节约利用齐抓共管、齐头并进

(一)环境治理的重要性和必要性

环境治理对于保护人类健康至关重要。污染物的排放不仅对大气、水体和土壤造成了严重的污染,也对人们的健康构成了威胁。各种污染物如二氧化硫、颗粒物等不仅会导致呼吸系统疾病增加,还可能引发癌症等严重疾病。因此,在环境治理中切实减少污染物的排放,保护人们的健康就显得尤为重要。

环境治理是实现可持续发展的重要保障。当前,世界各国都在推行可持续发展战略,而环境治理是实现可持续发展的重要支撑。优化工业结构、提高能源利用效率、推行清洁能源等举措,都是环境治理的重要内容。降低资源消耗和减少环境污染,可以实现经济的可持续增长,满足人们对生活品质的需求,同时减少对自然环境的破坏,保护生态系统的完整性和稳定性。

环境治理有利于提高生态环境的质量。生态系统是地球上生物多样性和稳定性的基础,也是人类社会发展的重要依托。由于受人类活动的干扰和破坏,许多生态系统正面临威胁。环境治理应该注重生态修复,采取植树造林、湿地保护、水土保持等措施,恢复和维护生态系统平衡。只有保护好生态系统,才能实现资源的可持续利用和人类社会的可持续发展。

(二)生态修复的方法与技术

生态修复旨在恢复、改善和保护生态系统的功能和结构,以实现生态系统的持续稳定状态。为了有效地进行生态修复,需要探索适合不同生态系统的方法和技术。

1. 合适的植物引入

引入适应力强、生长快速的植物物种,可以帮助恢复受损的植被,并为生态系

统提供基础支撑。在选择引入的植物物种时,应该考虑其与当地生态环境的适应性,以确保其能够在当地生长繁衍。

2. 生物多样性保护

保护和恢复当地生态系统的物种多样性,可以提高生态系统的稳定性和抗干扰能力。这可以通过建立自然保护区、划定生物多样性保护区域和保护濒危物种等方式来实现。应加强对非本地物种入侵的管理,以维护生态系统的原有平衡。

3. 土壤修复

受到人类活动的影响,许多地区的土壤质量受损严重。采用土壤改良技术,如添加有机物质、调节土壤酸碱度等,可以提升土壤的肥力和营养供应能力,为植物生长提供良好的环境。

4. 生态工程

生态工程通过模仿自然过程,创造人工生态系统,为生物提供栖息地和资源。常见的生态工程包括湿地恢复、水体修复和岸线生态建设等。这些工程可以增加生态系统的质量和稳定性,提供生态服务功能。

(三)资源节约和利用的策略与措施

1. 提高资源利用效率

采用先进的生产技术和工艺,改善资源利用效能,不仅能够减少资源浪费,还能够提高生产效率。以工业制造为例,采用节能环保的装备和技术,可以有效地降低能源消耗和废弃物排放,实现资源的有效利用。

2. 发展循环经济

循环经济强调资源的循环利用,通过有效地回收和再利用废弃物和副产品,最大限度地减少资源消耗。制定并实施废弃物资源化利用政策,在废弃物处理过程中,将可回收利用的废弃物进行分类回收和再加工,有效地节约资源。在产品设计和制造方面,推广绿色设计和绿色制造理念,减少废弃物,延长产品的使用寿命,实现资源的循环利用。

3.加强资源管理和监督

建立健全的资源环境考核评价体系，明确资源节约和利用的指标和标准，加强对资源利用行为的监督和管理，促使各方主体更加注重资源的节约利用。同时，加大对新技术、新装备和节能环保产业的支持力度，鼓励创新和投资，推动资源节约和利用的发展，实现经济增长与资源利用效益的良性循环。

4.弘扬节约文化和生态价值观

加强教育宣传和舆论引导，使全社会形成节约资源的良好习惯和观念，增强人们的资源利用意识。同时，弘扬生态价值观，让人们树立起"绿水青山就是金山银山"的意识，从而更加积极地参与到资源节约和利用的行动中。

二、加大城乡环境综合整治力度

（一）城乡环境问题的现状与挑战

城乡环境问题是当前我国面临的一大挑战，随着城市化进程和农村现代化的推进，城乡环境问题日益突出。

首先，城市地区存在呼吸道疾病高发、噪声污染、水污染等问题。随着工业化和交通的快速发展，城市空气中的颗粒物和有害气体浓度逐年增加，给人们的健康带来了威胁。城市交通的拥堵问题也日益凸显，交通排放的废气给城市空气质量带来了巨大的压力。

其次，农村地区存在农药和化肥过度使用、水土流失、生活垃圾处理不当等问题。农村地区的农业生产以传统方式为主，农药和化肥的过度使用不仅造成了农产品安全问题，也对土壤和水资源造成了巨大的污染压力。农村地区由于基础设施薄弱，生活垃圾处理不当也给环境带来了一系列问题。

（二）城乡环境综合整治的策略与方法

1.加强城乡规划和用地管理

合理规划城市和乡村的布局和发展方向，优化用地结构，合理利用土地资源，避免过度开发和滥用土地。同时，建立统一的城乡规划管理制度，加强对土地利用的监督和管理，确保规划落地实施。

2.加强环境污染治理

加大对污染源的治理力度，控制工业企业、农村和城市的排放标准，严格执法，加强对环境违法行为的惩处。要加强环境监测和数据统计，建立健全的环境监测体系，及时掌握环境质量的变化情况，为环境治理提供科学依据。

3.推动绿色发展

鼓励和支持发展绿色产业，提倡节能减排，推广使用清洁能源，推动循环经济发展。加强对新技术、新材料和新装备的研发和应用，推动产业升级和结构调整，使经济增长与环境保护相协调。

4.加强环境教育和宣传

加大对公众的环境意识教育，提高公众对环境保护的认识和责任感。通过开展环境宣传活动、举办环保讲座和培训班等方式，加强对环境教育的宣传和普及，引导公众积极参与到环境治理中。

5.加强城乡环境治理的组织和管理

建立健全的城乡环境综合治理机制，强化各级政府和相关部门的协调合作，形成工作合力。加强对城乡环境治理的监督和评估，建立健全奖惩机制，强化绩效考核，确保城乡环境综合整治工作顺利推进。

（三）加大城乡环境整治力度的具体措施

1.加强城乡环境监测与评估工作

建立全面、准确的监测网络和评估机制，及时获取城乡环境质量数据，深入了解各个地区、不同阶段的环境问题，为制定有针对性的整治方案提供科学依据。

2.加强环境基础设施建设

在城乡环境整治过程中，必须提高城乡基础设施的质量和扩大覆盖范围，包括城市排水系统、垃圾处理设施、污水处理厂等。只有建设完善的基础设施，才能有效解决城乡环境问题，提高居民的生活质量。

3.加强城乡环境管理和加大执法力度

加强城乡环境管理，需要建立和完善相关的法律法规，明确责任主体和执法机构，加大执法力度，严厉打击各类环境违法行为；还需要加强建立对环境违法行为的监督和举报机制，鼓励公众参与城乡环境整治，形成全社会共同治理的良好局面。

4.加大对农村环境的改善力度

农村地区是重点整治的对象，要加强农村环境卫生和垃圾污染治理，通过统一规划、完善设施、加强宣传教育等措施，推动农村环境整治向更高水平迈进。

5.加强城乡环境综合整治的资金保障和政策支持

政府应当加大对城乡环境整治的资金投入，确保整治工作顺利实施。政府还需要制定和完善相关政策，为环境整治提供各种形式的支持，包括财政补贴、税收优惠、政府采购和金融支持等。

三、深入实施一体化生态保护和修复

(一)一体化生态保护的概念与理念

顾名思义，一体化生态保护，是指在环境治理过程中，将生态保护纳入整体考量，将其与其他环境治理措施相协调、相统一。这一概念强调在实施环境保护政策时，要全面考虑生态系统的整体性、复杂性和动态性，将生态保护作为重要的工作目标。与传统的单一环境治理相比，一体化生态保护具有更高的综合性和协同性，能够更好地实现环境的持续改善和生态系统的恢复。一体化生态保护理念主要包括以下几个方面。

首先，重视生态系统的整体性。生态系统是由各个组成部分相互作用所组成的复杂网络，任何局部的环境变化都可能对整个生态系统产生深远的影响。因此，一体化生态保护强调以整体视角来思考和处理环境问题，不仅要关注局部环境的污染治理，还要注重生态系统全局的保护和修复。

其次，注重生态系统的复杂性。生态系统是一个复杂的生命系统，其中的各种生物、非生物要素相互作用、影响着整个生态系统的结构和功能。一体化生态保护需要充分认识生态系统的复杂性，依托于现代科技手段和系统科学的方法，综合运用生态学、地理学、土壤学、水文学等学科知识，对生态系统进行全面、深入的研究和分析。

再次，强化生态系统的动态性。生态系统是一个不断演变的系统，其内部结构和生物多样性会随着时间和环境的变化而不断调整和变化。一体化生态保护要求我们密切关注生态系统的动态变化，不仅要进行定期的监测和评估，而且要及时调整和优化环境治理策略，以适应生态系统的变化和需求。

最后，实现环境保护与经济社会发展的协调统一。一体化生态保护强调环境保护和经济社会发展之间的协调。环境保护不能以牺牲经济利益为代价，也不能忽视人民群众的生计和社会稳定。因此，一体化生态保护理念要求在环境治理过程中，注重生态效益与经济效益的统一，通过合理的利益分配和政策引导，实现环境保护和经济社会发展的可持续性。

（二）一体化生态修复的技术与方法

1. 植被恢复

选择适宜的植物物种，合理设置植被结构，可以提高土壤的保水保肥能力，增加土壤有机质含量，促进土壤微生物生长繁殖，从而改善土壤质量。同时，合理的植被结构也可以改善生态系统的物种多样性，提供适宜的栖息和繁衍条件，促进生物群落恢复与稳定。

2. 水体修复

对于受污染的水体，可以采用物理、化学和生物等多种手段进行修复。物理方法包括沉淀、过滤和吸附等，可以去除水体中的悬浮物和颗粒物。化学方法主要是通过添加草酸、臭氧等化学物质来降解水体中的有机污染物。而生物修复则是通过引入具有生物降解能力的微生物来分解污染物，使其得到有效去除。这些方法的综合应用可以有效地提高水体的水质，恢复水体生态系统的健康状态。

3. 土壤修复

土壤污染是生态系统面临的严重挑战之一，对于受到土壤污染的地区，需要进行治理和修复。土壤修复的方法主要包括土壤改良、土壤覆盖和土壤生物修复等。土壤改良可以通过添加有机质、矿物质和微生物等，来改善土壤的结构和肥力。土壤覆盖即通过覆盖植物、覆土或覆膜等方式，防止土壤进一步受到污染。而土壤生物修复则是利用微生物或植物来分解并转化土壤中的有害物质，促进土壤修复和恢复。

（三）实施一体化生态保护和修复的难点与对策

在深入实施一体化生态保护和修复过程中，我们面临一些难点和挑战。针对这些难点，要制定相应的对策，以确保生态保护和修复工作能够取得可持续的成效。

一体化生态保护和修复涉及多个部门和利益相关方的合作。不同部门之间存在职责划分不清、信息不对称等问题，导致协同工作开展困难。为了解决这一问题，我们应该建立跨部门、跨地区的沟通机制和协作机制，加强信息共享和资源整合，实现各方共同行动。

一体化生态保护和修复涉及的生态环境复杂多样，面临技术上的难题。例如，在一些严重退化的生态系统中，如何快速恢复土壤质量、重建植被等问题是亟须解决的难题。为了应对这些技术难题，要加强科研力量，推动技术创新和研发，开展实地验证和示范工作，积累经验和探索出适合各地区的生态修复技术和方法。

一体化生态保护和修复需要面对不同地域和生态系统的差异性。不同地区的生态环境条件、生物多样性和生态功能存在差异，因此需要因地制宜、因生态调整保护和修复策略。我们应该加强生态调查和评估工作，了解各个地区的特点和问题，制定相应的保护和修复方案，确保生态系统的适应性和稳定性。

一体化生态保护和修复需要投入大量的人力、物力和财力。由于资源有限，如何合理分配、优化配置资源，成为人们面临的重要难题。人们应该加强资金管理和监督，推动各方共同参与和分担责任，确保资源的有效利用和可持续发展。

四、实施重要生态系统保护和修复重大工程

（一）重要生态系统的定义与分类

重要生态系统的定义与分类是保护和修复重大工程的关键环节，它涉及对生态系统的科学评估和准确定义，为后续的保护和修复工作提供了基础和指导。重要生态系统可以按照地理位置、生物多样性和生态功能等方面进行分类，以便更

好地理解其特点和需求。

按照地理位置分类，重要生态系统可以分为陆地生态系统和水域生态系统两大类。陆地生态系统包括森林、湿地、草原等，而水域生态系统则包括湖泊、河流、海洋等。这样的分类有助于针对不同的环境条件和地域特点，采取相应的保护和修复措施。

按照生物多样性分类，重要生态系统可以分为热带雨林、珊瑚礁、湿地等多样的生态类型。这种分类考虑到了生态系统内部的物种组成和生物多样性的丰富性，为针对不同生态系统的保护和修复提供了依据。

按照生态功能分类，重要生态系统可以分为水源涵养区、土壤保持区、气候调节区等。这种分类是从生态系统对环境的功能和服务角度出发的，更加注重生态系统对于人类和生物社会经济发展的重要意义。

(二)重要生态系统保护的技术与方法

采用自然修复方法，借助生态系统自身的恢复能力，促进生态系统自然修复。这包括加强对土壤的保护和改良，通过植被恢复和生物多样性的增加，使土壤能够更好地吸收和保持水分，并提供养分给植物生长。同时，还可以引入适当的物种，促进生物之间互惠共生，从而加快生态系统的恢复进程。

采用人工干预的方法，通过人为手段来促进生态系统的保护和修复。例如，可以采取植树造林的方式，增加植被覆盖率，改善生态环境。在选择植树种类时，应优先选择具有适应性强、生长快、抗逆性强等特点的植物，以提高树木的生存率和成活率。又如，可以建设人工湿地，提供适宜的栖息环境给湿地生物，促进湿地恢复和保护。

利用新的技术手段，例如，利用遥感技术可以准确获取地表信息，监测生态系统的状况，并及时发现问题和采取措施。同时，利用信息技术和智能设备也可以实现实时监测和管理，对生态系统进行精细化保护和管理。在利用科技手段进行生态系统保护时，还应合理利用资源，减少对环境的影响。

(三)重要生态系统保护和修复重大工程的实施策略

1. 加强政策法规的制定和执行

建立健全的法律法规体系，明确生态环境保护和生态修复的方向和原则，为重要生态系统保护和修复提供法律依据。同时，要加大对法律法规的执行力度，做好监管，确保相关政策的有效落实。

2. 进行科学规划和区域布局

根据不同重要生态系统的特点和需求，制定详细的规划和布局方案。例如，可以确定生态红线，划定禁止开发区域，保护生态环境的核心区域；合理划分不同的生态功能区，明确各区域的发展定位和发展要求。这样有利于合理利用资源，保护生态环境，推动生态系统修复与重建。

3. 加强科技创新和技术支撑

开展生态科技研究和技术创新，探索适合重要生态系统保护和修复的先进技术和方法。例如，应用遥感和地理信息系统技术，对生态环境进行监测和评估，及时发现问题并采取相应的措施。又如，研发生态修复技术，包括植被恢复、水体治理、土壤修复等方面的技术手段，确保重要生态系统健康发展。

4. 加强组织管理与协调

将重要生态系统保护和修复纳入相关部门的职责范围，明确责任，加强协同配合。同时，建立健全工作机制，加强监测和评估，及时调整实施策略。还要加强宣传教育，提高公众对重要生态环境保护的认识和重视程度，形成全社会共同行动的良好氛围。

五、全面促进资源节约和集约循环利用

(一)资源节约和集约循环利用的重要性

资源节约和集约循环利用是推动可持续发展的重要策略。资源的浪费和不合理利用不仅导致了环境质量的恶化，还对经济和社会发展造成了严重的负面影响。

1. 显著减少对自然资源的依赖

随着人口的增长和经济的发展，各种资源需求不断增加，但资源的供给却有限。过度开采和滥用资源不仅会导致资源短缺，还会破坏生态平衡，引发环境问

题。因此，实施资源节约和集约循环利用，可以减少对自然资源的需求，减少资源开采和消耗，从而避免资源过度消耗和浪费。

2.有助于提高经济效益

资源的节约利用不仅可以降低生产成本，提高企业的竞争力，还能够促进绿色经济发展。引入环保技术和创新管理模式，可以实现资源的高效利用，减少资源浪费，并且创造更多的就业机会。资源的集约循环利用还可以带动新兴产业发展，创造新的经济增长点。

3.对环境保护具有重要意义

资源的过度消耗和浪费会导致环境污染和生态破坏，给人类乃至整个地球带来巨大的风险。改善资源利用效率，推动循环经济发展，可以减少环境压力，保护生态系统稳定和健康发展。同时，资源节约和集约循环利用还可以减少排放物，改善空气质量和水质，提升环境质量。

（二）资源节约和集约循环利用的技术与方法

1.推广先进的生产工艺和设备

引进高效节能的生产设备和先进的生产工艺，可以降低资源消耗，提高资源利用效率。例如，在工业生产中，广泛应用物料循环利用技术和中间产品再利用技术，可以减少原材料开采和消耗，并降低废弃物的排放量。

2.发展循环经济模式

循环经济模式强调将生产和消费过程中产生的废弃物转化为新的资源，实现资源的再利用和再循环。例如，推广废物回收利用和资源再利用的制度和政策，促进循环经济产业发展，可以实现资源的有效利用和减少废弃物排放。

3.加强科技创新

研发和应用先进的环境友好型技术和工程手段，可以降低资源消耗和污染物排放。例如，开发新型的节能环保材料和技术，提高资源利用效率。推动绿色制造和绿色设计，减少产品的资源消耗和废弃物的生成。

4.加强环境管理和监测

建立健全的监测体系，及时获取资源利用情况和环境状况的数据，有助于制定科学的资源节约政策和措施。同时，加强环境监管和治理，严格执行环境法规，加大对资源浪费行为的惩罚力度，可以提高资源利用的效益和可持续性。

（三）资源节约和集约循环利用的实施策略

1.建立资源评价与监测体系

建立完善的资源评价和监测体系，不断收集、分析和评估资源利用的数据，及时了解资源的消耗和利用效率，为制定具体的资源节约和集约循环利用策略提供科学依据。

2.推动技术创新与成果转化

加强科技研发，注重技术创新与成果转化，引入先进的资源节约技术和循环利用技术，提高资源利用效率和循环利用率。同时，鼓励企业加大研发投入，推动技术与市场相结合，促进资源技术的推广和广泛应用。

3.加强政策和法律法规支持

制定和完善资源节约和集约循环利用的相关政策和法律法规，明确资源节约和循环利用的目标和要求。同时，加大政策的宣传力度和实施力度，加大对违法行为的打击力度，形成良好的法治环境，推动资源节约和集约循环利用工作顺利进行。

4.加强社会参与和协同治理

积极引导和组织社会各界参与，发挥社会组织和民间力量的作用。加强协同治理机制的建立，实现政府、企业、社会组织和公众的协同合作，形成资源节约和集约循环利用工作的强大合力。

5.完善监督和考核机制

建立健全的监督和考核机制，对资源节约和集约循环利用工作进行全面监测和评估。对达到预期效果的单位和个人给予表彰和奖励，对存在问题和不达标行为进行督促和问责，形成压力和激励机制，推动资源节约和集约循环利用工作持续推进。

第二节　创新绿色技术

一、科技投入与自主创新

（一）科技投入的必要性

科技投入不仅涉及经济资源的配置，而且关乎国家的发展战略和未来的可持续发展。在当前全球面临能源短缺、环境污染、气候变化等严峻挑战的背景下，加大科技投入显得尤为迫切和重要。

科技投入能够带来更多的创新成果和技术突破，为绿色技术发展提供有力支撑。随着技术迅速更新换代，唯有持续的科技投入，才能不断培育和孵化出前沿的绿色技术，满足人们对清洁低碳、安全高效能源的需求。科技投入将激发科研人员的创新潜能，推动科技成果向实际应用转化。

科技投入有助于培养自主创新能力和人才队伍建设。作为一项重要的国家发展战略，自主创新不仅要依赖于先进的科技投入，也离不开具有创新意识和创新能力的高素质人才。加大科技投入，能够提供更多的培训和支持措施，吸引、培养和聚集更多优秀的科研人才，形成自主创新的强大人才支撑。

科技投入还能够促进绿色技术产业化和商业化。在市场经济的背景下，科技投入不仅仅关注科技成果的研发，更注重其转化为有市场竞争力的产品和服务。通过科技投入，绿色技术成果能够更好地与市场接轨，加速其产业化进程。持续的科技投入还有助于绿色技术的商业化，推动绿色技术在各个领域得到广泛应用。

（二）自主创新的重要性

在全球资源短缺和环境污染严重的情况下，只有自主创新，才能真正构建清洁低碳、安全高效的能源体系，从而实现可持续发展目标。在这一过程中，自主创新具有重要的意义和价值。

1. 提高技术创新的速度和效率

加大科技投入、构建创新平台和培育创新人才，能够加快绿色技术的研发和应用。这包括在研发过程中引入新的材料、工艺和设备，提升技术水平，降低生产成本，加速绿色技术成果的转化和推广。自主创新还可以提高企业的竞争力，促进经济增长，实现可持续发展。

2. 推动绿色技术不断突破和升级

自主创新可以加强对绿色技术的研发和创新，解决现有技术的局限和不足。例如，在能源领域，可以通过自主创新开发更高效、更清洁的能源技术，如太阳能、风能、生物能等。自主创新还能够推动绿色技术渗透和扩大应用范围，促进社会整体绿色转型。

3. 培养和吸引优秀的创新人才

在创新绿色技术的过程中，人才是最宝贵的资源。加强对创新人才的培养和引进，可以提高团队的创新能力和竞争力。创新人才具备独立思考、勇于尝试和解决问题的能力，他们能够推动科技进步和绿色技术发展。培养创新人才还能够为企业和社会创造更多的就业机会，促进经济发展。

（三）科技投入与自主创新的关系

科技投入和自主创新具有密不可分的关系。科技投入是指国家、企业等在科技领域进行的资源配置和投资行为，主要包括资金投入、人才培养、研发设施建设等。自主创新则是指依靠自己的力量，通过技术研发和创新活动，实现技术突破和产业升级。两者之间的关系可以从以下几个方面进行探讨。

科技投入为自主创新提供了重要的资源支持。在现代社会，科技创新离不开资金投入。科技投入的增加可以为创新活动提供充足的资金保障，促进科学家、工程师等人才的培养和聚集，建设先进的研发设施和实验室，为自主创新提供优良的环境。

科技投入和自主创新相辅相成。科技投入可以为自主创新提供良好的外部条件和支持。通过科技投入，我们可以引进国外先进的技术和理念，促成国内创新跨越式发展。自主创新可以为科技投入提供有效的回报和利益。创新成果的转化和推广应用可以增加经济效益和社会价值，进一步促进科技投入持续增加。

科技投入和自主创新相互促进，形成良性循环。科技投入可以激发和培育创新的内生动力，为科技创新提供坚实的基础。而自主创新则可以推动科技投入的提升和优化，提高投资效益和科技创新的回报率。二者之间的相互促进和良性循环，可以推动科技创新快速发展，为经济社会可持续发展提供强劲动力。

二、构建清洁低碳、安全高效的能源体系

（一）清洁低碳能源的重要性

清洁低碳能源的推广对缓解环境污染问题具有重要意义。传统能源在开采、运输和利用过程中会产生大量的废气、废水和固体废弃物，严重破坏生态环境平衡。而清洁低碳能源如风能、太阳能和生物能等的利用，不仅不会产生二氧化碳等温室气体，还能有效减少有害物质的排放，减少污染对生态环境的影响，保护生物多样性和生态系统的稳定。

清洁低碳能源的发展对应对气候变化具有积极意义。随着全球温室气体排放的持续增加，气候变暖日益严重，给人类社会和自然生态系统带来了巨大的威胁。而清洁低碳能源的广泛使用能够有效降低温室气体的排放，减缓气候变暖的速度，有助于实现全球碳中和目标。清洁低碳能源的发展也能促进能源的可持续利用，减少对化石能源的依赖，提高能源供应的安全性和稳定性。

清洁低碳能源在推动经济转型升级方面扮演着关键角色。以清洁低碳能源为基础的新能源产业链建设，不仅可以创造大量的就业机会，提高就业质量，还能促进高新技术研发和产业发展，推动经济结构优化和转型升级。采用清洁低碳能源的生产和生活方式也有利于提高资源利用效率，减少资源浪费，降低生产成本，促进经济可持续发展。

（二）安全高效能源体系的构建

加大对绿色技术的研发和应用。例如，在能源发电领域，可以加大对风能、太阳能等可再生能源的研发和利用，减少对传统化石能源的依赖。同时，在能源利用方面，可以推动绿色建筑、能源储存等领域的创新，以提高能源利用效率。

加强能源系统的优化和智能化。引入先进的能源监控和管理系统，可以实现对能源生产、传输和消费的精确监测和控制，从而提高能源的安全性。在能源供应链的构建上，可以引入平衡能源资源的可持续性和稳定性的机制，确保能源供

应稳定和高效。

应用绿色技术。例如，智能电网技术的引入可以实现对能源的合理分配和优化利用，降低能源浪费和损失。清洁能源储存技术的发展也可以克服可再生能源波动性大、不稳定性高的问题，使能源供应更加平稳可靠。

注重绿色技术创新平台、创新人才队伍和创新服务体系建设。建立创新平台可以为绿色技术的研发提供良好的环境和条件，吸引更多的科研人员和企业参与绿色技术发展。同时，培养专业的绿色技术人才也是至关重要的，他们拥有领先的技术知识和能力，能够推动绿色技术的创新和应用。搭建创新服务体系，提供技术转移、科技咨询等服务，可以帮助绿色技术成果得到快速转化和应用，进一步促进安全高效能源体系建设。

（三）绿色技术在能源体系中的应用

1. 能源生产环节

采用先进的发电设备和技术，如风力发电、太阳能发电和地热能发电等，可以实现清洁低碳能源的生产。这些绿色能源技术不产生和排放温室气体和空气污染物，保证了能源的稳定供应和安全使用。

2. 能源传输和配送

优化能源输配网的结构和运行管理，可以大幅提高能源的传输效率，减少能量损失和排放。利用智能能源监测和控制技术，可以实现对能源供需的精准管理，提高能源利用效率，减少资源浪费。

3. 能源使用和消费

推广智能家居、能源节约型电器等绿色技术产品，可以实现能源的高效利用和节约。同时，结合智能能源管理系统，可以对能源使用行为进行监测和调控，最大限度地减少能源浪费和环境污染。

4. 能源存储和利用

发展高效的能量存储技术，如电池技术、储能技术等，可以实现可再生能源的稳定供应和持续利用。利用绿色技术开发新型能源利用途径，如氢能、生物质能等，可以进一步扩大能源来源，推动能源多元化发展。

三、绿色技术创新平台与创新人才队伍建设

（一）绿色技术创新平台的建立

绿色技术创新平台作为一个协同创新、资源共享的平台，可以为绿色技术研发和应用提供有力支撑。

绿色技术创新平台应该具有良好的研发开放性。这意味着平台不仅要聚集各类高级人才，还要吸引各类绿色技术研发机构和企业加入。与各方合作，实现资源共享与优势互补，可以加快绿色技术创新的步伐。

绿色技术创新平台应该具有高效的科研管理机制。科研管理是确保绿色技术创新平台顺利运行的关键。要建立科学、规范的项目管理体系，确保各个项目的进度和质量得到有效控制。还需要建立良好的知识产权保护机制，激励创新团队进行技术研发。

绿色技术创新平台还应该积极引入国际先进绿色技术。绿色技术创新不仅需要国内的技术力量，而且需要借鉴国际先进技术经验。因此，绿色技术创新平台应该与国际研发机构、企业进行深入合作，引进并集成各类国际先进绿色技术，进一步拓展绿色技术创新的领域和广度。

在绿色技术创新平台建设过程中，需要注重创新人才队伍的培养。只有建立一支优秀的创新人才队伍，才能够为绿色技术创新提供源源不断的动力。也要注重高层次创新人才的培养。建立与创新平台相匹配的人才培养机制，提供相应的绿色技术创新项目和实践机会，鼓励人才团队敢于创新、勇于实践。还要制定一系列激励措施，如提供丰厚的薪酬待遇、提供广泛的学术交流平台等，为创新人才提供良好的发展环境。

（二）创新人才队伍的培养

创新人才是推动绿色技术创新的重要力量。为了培养一支高素质、创新能力突出的人才队伍，要采取一系列有效措施。

1. 加强人才培养规划与指导

这意味着要针对绿色技术的需求，制订相应的人才培养计划，并及时进行调整。在课程设置上，应该加入绿色技术的教学内容，并将其纳入相关专业课程。

还可以设置绿色技术创新实习基地，为学生提供实践锻炼的机会，提高他们的实际能力。

2. 加大对创新人才培养的投入

这包括资金、设施和师资等方面的投入。增加人才培养项目的经费投入，完善实验室设施和技术装备，吸引和留住优秀的人才。加强师资队伍培养，提高他们的学术水平和教学能力，从而能够有效地指导、培养创新人才。

3. 注重创新能力的培养

这包括培养学生的创新思维、创新意识和创新方法论。组织创新实践活动，如创新创业比赛、科技项目研究等，激发学生的创新潜能和创业兴趣。还要引入导师制度，由有丰富经验和创新能力的专家指导学生进行科研项目研究，帮助他们培养创新思维和解决问题的能力。

4. 加强产学研结合和国际交流合作

通过与企业和科研机构合作，学生可以接触到实际的问题和需求，提高自身的实践能力和创新能力。同时，开展国际交流合作项目，培养学生的国际视野和跨文化交流能力，使其在全球范围内都能够胜任绿色技术创新工作。

（三）创新服务体系的完善

绿色技术创新不仅仅是在实验室里进行研究，更需要与市场需求相结合，为真正的转化应用搭建桥梁。因此，在构建创新服务体系时，需要从多个方面入手，以提供全方位、高效率的支持与服务。

1. 加强对绿色技术创新项目的评估和咨询

在创新服务体系中，可以设立专门的评估机构，对绿色技术创新项目进行科学的评估和咨询。评估的内容可以包括技术可行性、市场落地潜力、环境影响等。在评估和咨询过程中，可以及早发现项目的潜在问题和风险，并提供有针对性的解决方案，为项目的成功落地提供支持。

2. 与企业加强合作，推动绿色技术创新产业化

绿色技术的实际应用需要借助工业企业的平台和资源，这样才能真正发挥其

价值。创新服务体系应当积极促进科研机构与企业之间的合作,搭建技术转移与推广的桥梁。一方面,科研机构可以提供技术支持和解决方案,为企业提供技术咨询、培训等服务;另一方面,企业可以提供实际场景和市场需求,为科研机构提供测试和验证平台。加强合作,可以实现科研成果的产业化,促进绿色技术的广泛应用。

3.加强知识产权保护和转化机制建设

在绿色技术创新中,知识产权的保护和转化是至关重要的。创新服务体系应当加强对知识产权的引导和保护,为科研人员提供知识产权培训和法律援助等服务。此外,还需要建立起快速、高效的知识产权转化机制,鼓励科研人员将其研究成果转化为实际产品或技术,以促进绿色技术的应用推广和经济价值的实现。

4.建立创新服务平台和交流机制

在创新服务体系中,可以建立在线创新服务平台,集结各领域的专家、科研人员和企业,提供信息交流、技术分享、问题解答等服务。还可以定期组织绿色技术创新论坛、研讨会等活动,促进不同领域之间的交流与合作。建立创新服务平台和机制,可以促进创新资源的集聚、优势互补,为绿色技术创新提供更加便捷和高效的服务。

四、绿色技术成果的转化与应用推广

(一)绿色技术成果转化的策略

绿色技术的成果转化是将科研成果转化为实际应用的具体举措,为实现绿色可持续发展提供重要支撑。在绿色技术成果转化过程中,需要制定合适的策略来推动技术的应用和推广。

1.政策支持

政策支持是绿色技术成果转化的重要保障。相关部门和政府应该制定出台针对绿色技术转化的政策和法规,提供财政与税收支持、知识产权保护和减免相关审批等优惠政策,为绿色技术成果的转化提供良好的制度环境。

2.产学研合作

产学研合作是促进绿色技术成果转化的有效途径。企业、高校和科研机构可以加强合作,共同研发和推动技术的转化与应用。建立产学研合作平台和机制,提升技术成果的转化效率,并加强科技人才的培养与交流,形成技术创新合力。

3.市场营销策略

市场营销策略是绿色技术成果转化的关键。在推广绿色技术成果时,需要了解市场需求和竞争情况,制定适应市场的营销策略。通过市场调研、品牌宣传和销售渠道建设等手段,提升绿色技术的知名度和市场份额,促进技术的广泛应用。

4.创业创新

创业创新是绿色技术成果转化的重要路径。鼓励科研人员和创业者创新创业,为他们提供创业支持和融资服务,激发他们对绿色技术成果转化的热情与动力。同时,加强创业创新教育和培训,培养更多具有创新思维和实践能力的人才,推动绿色技术成果的转化与应用。

(二)绿色技术应用推广的途径

绿色技术应用推广是将研究开发的绿色技术成果转化为实际应用的过程,其重要性不容忽视。为了有效推广绿色技术,可以采取以下途径。

1.加大政策支持力度

政府可以制定一系列政策,鼓励企业和个人采用绿色技术,如提供税收优惠、补贴和奖励措施,降低绿色技术成本,增加推广的动力。政府还要建立绿色技术标准和认证体系,确保技术的质量和安全性,为绿色技术的推广提供可靠保障。

2.加强产业合作与联盟建设

不同领域的企业、研究机构和政府部门可以共同组建产业联盟或技术创新联盟,分享经验、资源和技术,在绿色技术的研发、生产、推广和应用方面实现合作互利。加强合作,可以加强技术创新能力,提高绿色技术的竞争力,推动绿色技术的广泛应用。

3.推动示范项目建设

政府要设立示范项目,将绿色技术应用到实际生产中,通过示范效应来推动广大企业和个人参与。这些示范项目可以在不同领域进行,如能源、交通、建筑等,通过实际的效果展示,促使更多的人认识、了解并接受绿色技术的优势和价值,从而促进其推广和应用。

4.加大宣传和教育力度

开展广泛的宣传和教育活动,提高公众对绿色技术的认知。可以通过互联网媒体、展会、研讨会等形式,宣传绿色技术的优点、成功案例和应用领域。要加强对相关人员的培训,提高他们理解和应用绿色技术的能力,为绿色技术的应用推广提供人才支持。

第三节　振兴绿色产业

一、建立健全绿色低碳循环发展的经济体系

(一)绿色低碳经济体系的理论基础

1.生态经济学

生态经济学强调实现经济与生态环境保护的协调发展。它认识到人类经济活动对生态系统造成了巨大的压力和损害,因此必须转变传统的经济发展模式。生态经济学提出了以生态系统为基础的经济发展模式,即通过充分利用和保护生态资源来实现经济增长,同时减少对环境的破坏。这为建立绿色低碳经济体系提供了理论指导。

2.循环经济理论

循环经济理论强调将资源的开发、利用和消费与环境保护相结合。循环经济的核心思想是实现"废物再利用",通过循环利用资源,减少资源消耗和浪费,并减少对环境的负面影响。发展循环经济旨在实现资源的高效利用和循环利用,从而

减小环境压力，实现经济的可持续发展。

3.低碳经济理论

低碳经济理论强调减少碳排放，降低能源消耗和资源消耗。低碳经济的核心是只有改变能源结构、技术创新和管理，才能实现减排目标。发展低碳经济可以推动绿色产业兴起，提高能源利用效率，降低碳排放水平，促进经济绿色转型。

基于以上理论基础，可以看到，绿色低碳经济体系的构建不仅仅是一种经济发展新方式，更是一个战略性转型。构建这种经济体系旨在实现经济发展与环境保护双赢，通过充分发挥绿色产业的优势，推动经济可持续发展。

(二)建立绿色低碳经济体系的必要性

1.推动经济可持续发展的必然选择

传统的经济增长模式依赖于资源的大量消耗和污染物的高度排放，给环境带来了巨大的负担。而绿色低碳经济体系以资源节约、环境友好为基础，能够实现经济发展与环境保护双赢。

2.应对气候变化的迫切需求

气候变暖已成为全球共同面临的挑战，减少温室气体排放、实现碳减排已成为各国的共同责任。绿色低碳经济体系通过推动清洁能源的利用、促进能效提升和碳排放控制，能够有效降低温室气体的排放，为全球应对气候变化做出积极贡献。

3.推动产业升级和结构调整

传统产业往往以资源消耗和污染物排放为代价，而绿色低碳产业则以资源利用效率和环境适应能力为核心，促进产业转型升级。发展绿色低碳产业将会激发创新活力和可持续发展动力，推动经济结构向环保、高科技、智慧化方向转变。

4.提升国际竞争力

随着全球绿色低碳发展的不断推进，各国对于绿色产品和低碳技术的需求不断增加。发展绿色低碳产业能够提升国家在国际市场上的竞争力，打造具有国际影响力的绿色品牌，促进国际贸易平衡和可持续发展。

(三)绿色低碳经济体系的构建路径

1.加强政策支持和引导

政府在绿色低碳经济体系的构建中扮演着重要角色。政策的支持和引导可以促进绿色产业发展,并激励企业和个人从传统高碳产业向绿色低碳产业转型。政府通过制定合理的税收政策、补贴政策和减排目标等手段来引导企业和个人做出更加环保和节能的行为。

2.加强科技创新和绿色技术研发

科技创新是绿色低碳经济体系构建的关键驱动力。要加大对绿色技术研发的投入,推动技术创新和应用,提高绿色产业的竞争力和可持续发展能力。同时,要加强跨学科合作和知识共享,促进绿色经济与传统产业融合,实现资源的高效利用和碳排放的降低。

3.鼓励企业转型和合作发展

企业是绿色低碳经济体系中的主要参与者和推动者。政府可以提供一系列的激励措施,鼓励企业转型发展。例如,给予税收优惠和补贴,并提供专业的培训和咨询服务,帮助企业更好地适应绿色低碳经济的需求。同时,政府还可以加强企业间的合作和交流,促进资源共享和技术创新,实现绿色低碳经济体系的互补和企业合作发展。

4.加强环境保护监督和管理

环境保护是绿色低碳经济体系构建的基础。政府需要加强对环境保护的监督和管理,确保绿色产业健康发展。这包括加强环境监测和评估工作,制定严格的环境标准和排污限制,并加大对违法行为的惩处力度。同时,政府还可以提供环境审批和减排审核服务,帮助企业合规运营,并促进绿色低碳经济体系长期发展。

二、大力发展各类产业

(一)发展绿色农业

在振兴绿色产业的背景下,发展绿色农业成为一项迫切需要解决的任务。为了实现农业的可持续发展，要采取一系列措施来推进农业的绿色化进程。

1. 加强农业生态保护

农业生产直接涉及土地、水源和生态环境等资源，我们应该注重保护农业生态环境，避免过度使用农药和化肥，减少水土流失，增强农田的抗灾能力，保护生物多样性和生态平衡。

2. 推动农业技术创新

发展农业科技可以提高农作物的产量和质量，同时减少对资源的利用。例如，可以采用精准农业技术，通过遥感、无人机和传感器等手段，对农田进行精细化管理，实现对施肥、灌溉和病虫害防治等工作的精确控制，以提高农业生产的效率和质量。

3. 加强农业生产的循环利用

农业废弃物和农村生活垃圾等资源应该得到有效利用。例如，可以将农业废弃物作为有机肥料进行回收利用，或者通过生物气化、沼气和生物质能源等技术手段进行能源转化，实现资源的循环利用和减少环境污染。

4. 政府部门和农民深入合作

政府部门和农民也需要深入合作，加强发展绿色农业的宣传和培训工作。政府应推出一系列绿色农业发展政策，给予农民一定的补贴和支持，鼓励农民参与绿色农业生产。同时，农民也要加强自身的意识和能力培养，学习和应用绿色农业的知识和技术，提高农业生产的绿色化水平。

（二）工业绿色转型

在当前环境保护意识不断增强、资源压力日益加大的背景下，工业部门需要更加注重绿色发展，通过采取一系列绿色转型措施，实现生产方式的转型升级，提高资源利用效率，减少环境污染。

采取节能减排措施。对工业企业的能源消耗和废气、废水、废固体的排放进行监测和管理，推动工业生产中能源的高效利用和排放物的减少。例如，可以引导工业企业采用先进的生产设备和技术，减少能源消耗和废物。

加强环境管理与监控。建立健全工业企业的环境监测体系，监管工业生产过程对环境的影响。利用信息化手段，实现对工业企业的实时监测和数据收集，并及时采取措施来解决环境问题。还应加大对工业企业的环境执法力度，对环境违法行为进行严肃处理，形成有效的约束机制，推动工业企业转型发展。

加大绿色技术研发和推广力度。加强科研机构与企业的合作，推动绿色技术创新和应用。例如，积极研发节能环保的新型材料、新工艺和新技术，推动工业生产过程绿色化。同时，政府还可以通过扶持政策，鼓励企业引进和推广绿色技术，加快传统工业企业向绿色产业转型。

加强对员工的培训和意识提升。开展环境保护培训和宣传活动，提高员工的环境保护意识和责任感。同时，要加强对工业企业的监督和评估，激励企业积极参与绿色转型，形成推动工业绿色发展的良好氛围。

（三）服务业绿色化推进

1.加强绿色技术研发和创新

绿色技术是服务业绿色化的基础，创新和引入绿色技术，可以帮助服务业降低资源消耗和环境污染。政府应该加大对绿色技术研发的支持力度，鼓励企业加强技术创新，推动绿色产品和服务发展。

2.加强环境管理和监管

服务业的绿色化需要有严格的环境管理和监管体系，以确保服务过程中对环境不产生过多的污染和影响。政府应该建立健全相应的环境管理制度，加强监督执法，对服务业的环境影响进行有效的监测和评估。

3.促进资源循环利用

服务行业涉及大量的资源消耗，尤其是餐饮、旅游等领域。为了降低资源消耗和减小环境影响，鼓励服务业采用可持续的资源利用方式，如推广厨余垃圾分类处理和回收利用，鼓励酒店行业使用可再生能源等。

4.加强服务业绿色消费引导

消费者的绿色意识和行为对于服务业的绿色化发展起着重要的推动作用。政府应该通过宣传教育和激励措施，引导消费者选择绿色产品和服务，鼓励更多的企业开展绿色经营，推动服务业整体向绿色化方向转变。

三、加快培育战略性新兴产业

(一)绿色新兴产业的发展现状

在我国,随着经济的发展和环境保护意识的增强,绿色新兴产业正迅速发展,成为推动经济转型升级和实现可持续发展的重要支撑力量。

绿色新兴产业的市场规模持续扩大。随着科技进步和政策导向的推动,新能源、环保装备、节能环保等绿色产业逐渐走上舞台。绿色新兴产业的技术水平不断提升。现今,我国在新能源、节能环保、清洁生产等领域取得了许多重要的科研成果。高效太阳能电池、新型风力发电装备、节能环保材料等技术的突破,极大地推动了绿色新兴产业发展。

绿色新兴产业的产业结构逐渐优化。以新能源产业为例,我国已经形成了光伏发电、风力发电、太阳能热利用等多个领域相互协调发展的产业格局。低碳交通、环保建材等领域也在不断壮大,逐步形成了绿色新兴产业链条。绿色新兴产业的国际竞争力不断提升。我国在绿色新兴产业领域具有一定的技术优势和市场竞争力。通过技术进步、创新能力的增强以及对外合作的加强,我国绿色新兴产业正逐渐走向世界舞台。

(二)绿色新兴产业的发展趋势

绿色新兴产业在国内外的发展呈快速增长的态势。近年来,全球范围内各国都加大了对绿色产业的支持力度,通过政策引导和资金投入等方式,推动绿色新兴产业发展。在中国,政府积极推动绿色产业发展,提出了众多的相关政策和规划,为绿色新兴产业的兴起提供了有力支撑。绿色新兴产业在人民群众的日常生活中也得到了广泛的应用,如新能源汽车、新型建筑材料等,这进一步推动了其市场需求的增长。

绿色新兴产业的技术创新和转型升级已成为其发展的关键。随着社会对绿色、低碳和环保的要求日益增强,传统产业面临转型升级的压力。而绿色新兴产业则以其高效节能、环保可持续的特点,成为经济发展的新引擎。为了推动绿色新兴产业发展,科技创新被认为是关键。通过技术创新,绿色新兴产业不断提高产品和服务的质量和效率,降低资源消耗和环境污染,满足市场需求,同时提升自身的竞争力。

绿色新兴产业在国际市场竞争中也呈现出迅猛发展的势头。近年来,中国在绿色新兴产业方面取得了显著的成绩,成为全球绿色产业链的重要一环。随着“一带一路”倡议和国际合作的不断推进,中国的绿色新兴产业已经开始拓展到更广阔的国际市场。国际上也出现了越来越多的绿色新兴产业企业,它们通过技术创新和产品优势,与中国企业展开了激烈竞争。因此,中国的绿色新兴产业需要进一步提高竞争力,加强自身的创新能力和国际合作,以在全球市场中保持领先地位。

(三)绿色新兴产业的发展策略

发展绿色新兴产业是推动绿色经济发展的重要途径。为了加快培育战略性新兴绿色产业,要采取一系列有效的发展策略。

1.加强政策引导

加强政策引导是培育绿色新兴产业的关键。政府应出台“一揽子”的政策措施,包括财政支持、税收优惠、科研资金扶持等,以鼓励企业在绿色技术研发、绿色产品生产等方面进行投资。政府还应建立健全法律法规,加强对绿色新兴产业的监管和标准制定,以确保产业可持续发展。

2.加强技术创新

加强技术创新是绿色新兴产业发展的重要保障。应鼓励企业加大技术研发投入,培育和引进高端技术人才,推动绿色技术的突破和应用。还要加强研究机构和企业之间的合作,促进科研成果的转化和产业化。通过技术创新,企业可以提高绿色新兴产业的核心竞争力,推动产业发展向高端、智能化方向迈进。

3.加强企业合作和产业链整合

加强企业合作和产业链整合是培育绿色新兴产业的重要举措。政府应促进企业之间的合作与交流,鼓励产业链上下游企业共同参与绿色新兴产业的发展。同时,加强与相关行业协会和研究机构的合作,共同研究和探索绿色新兴产业的发展模式和规划。通过整合产业链资源实现资源共享、技术协同,提升绿色新兴产业的整体运行效率和竞争力。

4.加强对人才培养的支持和引导

加强对人才培养的支持和引导是培育绿色新兴产业的基础。应加强高校和科研机构与企业之间的合作，培养和选拔一批具备绿色产业背景和技术能力的专业人才。同时，政府还要加大对绿色新兴产业人才培养的财政投入，鼓励企业注重人才培养和激励措施，提升人才的归属感和创新动力。

四、发展绿色金融

（一）绿色金融的内涵及其表现形式

绿色金融的内涵可以简单地理解为金融服务与绿色发展的高度融合，旨在推动可持续、低碳、环境友好型经济发展。它通过资金的合理配置和创新金融工具的推动，为绿色产业和环境友好型项目提供融资支持，促进资源的有效利用，推动经济转型升级。

绿色金融的表现形式多样，其中最重要的体现在绿色债券、绿色信贷、绿色保险和绿色投资基金等方面。绿色债券是指用于资助环境友好型项目或可持续发展项目的债券，募集资金主要用于清洁能源、节能减排、环境保护等领域。绿色信贷是指银行或其他金融机构向符合环境友好条件的企业和项目提供贷款和信用担保等金融服务。绿色保险是指与环境相关的风险进行保险保障的金融产品，如生态环境保险和气候变化保险等。绿色投资基金是指专门用于投资与环境友好相关的企业和项目的基金。

（二）绿色金融的发展现状与存在的问题

在当前全球范围内，绿色金融得到了广泛的关注和推动，但其发展态势和面临的问题也不容忽视。绿色金融的发展现状表现为各国在政策、机制和工具等方面的积极探索和尝试。例如，国际金融机构和政府机构相继制定了一系列的绿色金融政策和指导文件，以促进绿色金融发展。各国在金融机构间建立了合作平台和信息共享机制，以促进绿色金融项目融资和发展，同时一些国家还推出了相关的绿色债券和绿色贷款等金融工具，以引导资金流向绿色经济领域。

然而，绿色金融在发展过程中也面临一些问题。首先，绿色金融市场的规模相对较小，投资者对绿色金融的认知和参与度有限，导致绿色金融产品供给不足。其次，绿色金融的评估体系尚不完善，尤其是在绿色项目的评估和认证方面存在差异性和不确定性，这增加了投资者的风险和不确定性，限制了绿色金融的发展。绿色金融的监管体系和法律法规还不健全，缺乏统一的标准和规范，限制了绿色金融的市场化发展。最后，由于受技术和应用水平的限制，绿色金融产品在投资回报和可持续性方面仍存在一定挑战，这使得投资者对绿色金融的关注度不高。

（三）绿色金融的发展策略与路径

1.建立健全相关政策和法规体系

政策支持是推动绿色金融发展的关键，需要制定一系列政策和法规，包括税收优惠政策、贷款利率补贴、绿色债券发行等政策措施，以鼓励金融机构加大对绿色产业的投资和融资力度。还需要建立相应的监管制度，推动绿色金融规范和可持续发展。

2.培育绿色金融市场，打造多元化的金融产品和服务

绿色金融市场的发展需要多方面的努力，包括引领金融创新、拓宽投融资渠道、增加金融产品的可行性和便利性等。金融机构可以发行绿色债券，用于融资环保项目，同时也可以推出绿色贷款和绿色理财产品，为投资者提供绿色投资的选择。还可以引入绿色信用体系，对企业的环保和可持续发展情况进行评估，为金融机构和投资者提供参考。

3.加强绿色金融创新与技术研发

绿色金融需要与新兴科技相结合，促进绿色产业创新发展。金融科技、人工智能、区块链等技术的应用为绿色金融提供了新的发展机遇。金融机构可以通过创新金融产品和服务，提高绿色金融的便利性和效率。例如，可以推出基于区块链技术的碳排放权交易平台，实现碳交易的透明和高效。加强绿色金融技术研发也是绿色金融提升自身能力的重要途径，需要加大对绿色金融相关技术和理论的研究投入。

4.加强国际合作与交流，促进绿色金融共同发展

绿色金融是一个全球性问题，各国需要携手合作，共同推动绿色金融发展。在国际层面，各国可以建立绿色金融交流机制，分享经验和最佳实践，促进绿色金融的标准化和规模化。同时，还可以加强国际的绿色金融投融资合作，共同投资和支持绿色产业发展。

第四节　践行绿色生活

一、生产系统和生活系统循环链接

（一）生产系统的绿色化

生产系统的绿色化是指通过改进生产过程和采用环保技术，使生产过程更加环保、节能、高效，从而减少资源消耗和污染物排放，实现可持续发展的目标。在践行绿色生活的道路上，要特别注重生产系统的绿色化改造。

1.提高资源利用率

资源是生产的基础，合理利用资源是绿色生产的关键。采用先进的生产技术和工艺，优化生产流程，实现资源的最大化回收利用，可以有效降低对资源的消耗。积极推进循环经济模式，将废弃物转化为资源，实现资源的循环利用，进一步减少对新资源的需求。

2.注重减少污染物排放

生产过程中会产生各种污染物，如废水、废气和固体废物等。绿色化生产系统的关键就是控制和降低污染物排放。采用先进的环保设备，如污水处理设备、废气治理设备等，可以有效减少污染物排放。加强环境监测和管理，及时发现并解决潜在的环境问题，确保生产过程的环境友好性。

3.应用节能措施

能源是生产的核心要素，合理利用能源不仅可以节约成本，还可减少对自然资源的消耗。生产企业应加强能源管理，采用高效节能的生产设备，优化生产工艺，最大限度地减少能源消耗。还可以推广使用清洁能源，如太阳能、风能等，减少对传统能源的依赖。

4.注重员工的环保意识和技能培养

增强员工的环保意识，使其养成环保的工作习惯和行为，不仅能够降低生产过程中的环境风险，还可以促进环保文化的传承和发展。此外，还应加强员工的环保技能培训，提高其环保管理、环境监测和环保技术应用能力，从而更好地推动生产系统绿色化进程。

（二）生活系统的绿色化

对于个人来说，可以从多个方面改变自己的生活方式，减少对能源资源的消耗和污染物排放。

1. 倡导节约能源与资源的生活方式

这包括节约用水、节约用电、节约用气等方面的行为。可以调整自己的生活习惯，如用水洗漱时关掉水龙头、用电时关掉不需要的电器、购买节能型家电等，来减少能源消耗。还要减少浪费，如合理规划食物的购买和食用，减少食物浪费。这些改变在日常生活中可能看起来微不足道，但是如果大家都能够积极行动起来，将会对整个社会和环境产生积极的影响。

2. 倡导绿色低碳的交通方式

交通是造成能源消耗和污染物排放的主要来源之一。可以选择步行、骑自行车、使用公共交通工具等绿色低碳的交通方式，减少个人汽车的使用。也可以倡导拼车、共享单车等出行方式，减少交通拥堵和车辆的数量，从而减少能源消耗和污染物排放。此举不仅有利于环境保护，还能够改善城市交通状况，提高人们出行的便捷性。

3. 选择购买绿色食品

绿色食品是指符合环保标准、无农药、无化肥、无添加剂，且采用生态友好性种植和生产方式的食品。选择绿色食品不仅对个人身体健康有益，还能够支持环保农业，减少对环境的污染。我们还可以倡导减少塑料袋的使用，购买环保袋替代塑料袋，减少塑料消耗和环境污染。这些小小的改变，将会对整个社会和环境产生积极的影响。

（三）生产系统与生活系统的循环链接

生产系统和生活系统是一个不可分割的整体，它们之间存在密切的关系和循环链接。通过循环链接，生产系统和生活系统能够实现资源的有效利用和能量的高效转化，从而达到绿色生活的目的。

生产系统与生活系统的循环链接体现在资源的共享和互补上。生产系统中的许多废弃物和副产品可以成为生活系统的资源。例如，生产过程中产生的废水和废气经过处理后可以用于农田灌溉和能源回收，实现资源的有效再利用。生活系统中的废弃物和废料也可以成为生产系统的原材料。建立废物资源化利用机制，可以实现废物循环利用，减少资源浪费和环境污染。

生产系统与生活系统的循环链接也表现在能源的互补与优化上。生产系统中的能源消耗可以通过创新技术手段和管理策略来降低，从而减小对环境的影响。生活系统的能源需求也可以逐步转向清洁能源，如太阳能、风能等。通过生产系统与生活系统之间的能源交流和协调，能够实现能源的互补和优化利用，减少对传统能源的依赖，从而降低能源资源消耗。

在生产系统与生活系统的循环链接中，绿色技术起着重要作用。引入绿色技术，可以改善生产系统和生活系统的效率，并减小对环境的负面影响。例如，在生产系统中，可以采用清洁生产技术，通过改进工艺流程、节约资源和能源以及减少有害排放物的产生，实现绿色化生产；在生活系统中，人们可以通过使用绿色节能家电、开展生态农耕等绿色生活方式，减小对环境的影响。

除了技术层面的创新，生产系统与生活系统的循环链接还需要在制度和政策层面得到支持。政府要加强引导和管理，制定鼓励绿色生产和绿色生活的政策，鼓励企业和个人采取绿色可持续的行为，推动绿色生活理念在全社会传播和推广。

二、降低能源资源消耗和污染物排放

(一)能源资源的合理使用

能源资源是现代社会发展的基石，但过度消耗和不合理的利用方式已经造成了严重的能源危机和环境问题。因此，必须采取措施来降低能源资源消耗。

1. 采取节能措施

提高能源利用效率，可以在不降低生活质量的前提下减少能源消耗。例如，在家庭生活中，可以选择使用节能灯具并合理安装照明设施，减少电力浪费。可以购买高能效的电器设备，如能效标识为“A＋”或更高的电视、冰箱等家电产品，以减少对电力资源的需求。

2. 推广利用可再生能源

传统能源如煤炭、石油等会产生大量的二氧化碳等污染物，对环境造成严重污染。而可再生能源如太阳能、风能等是清洁的能源来源，对环境的影响较小。因此，我们应该积极鼓励和支持可再生能源的开发和利用。政府可以制定相应的政策措施，为可再生能源行业提供支持和激励，同时可以制定能源消耗限制政策，要求企业和个人减少对传统能源的依赖。

3. 加强能源管理和监测

建立有效的能源监测系统，能够实时掌握能源使用情况和能源消耗趋势，及时发现并解决能源浪费的问题。比如，使用智能电表和能源监测设备，可以对能源使用情况进行实时监测和分析，帮助人们找到节能的潜在机会，并采取相应的措施来降低能源消耗。

（二）合理处理与减少污染物排放

改善生产工艺和技术。例如，引入先进的净化设备和技术，对废气和废水进行处理，以最大限度地降低有害物质的排放。还可以清洁能源替代传统能源，减少燃煤和燃油所产生的污染物排放。

激励绿色生产和消费。政府可以加大对绿色技术和环保产业的支持力度，鼓励企业采用新能源、新材料和清洁技术，以实现资源节约和污染物减少。我们应该积极参与绿色消费，选择环保的产品和服务，避免使用含有有毒物质和重金属的产品，从而减少污染物释放。

加强环境监测和管理。建立严格的监测体系，及时发现并解决污染物排放超标的问题，对违反环境保护法规的企业进行罚款和整改，从而加强对污染源的管控和监管。加强对环境保护法律法规的宣传教育和培训，提高公众对环境的保护意识和参与度，共同创建绿色生活的良好环境。

（三）采用绿色技术降低能源资源消耗和污染物排放

采用能源高效利用的技术。比如，在生产系统中，可以利用先进的节能设备和技术，将能源的利用率提高到最大。这样不仅可以减少能源浪费，还可以降低生产过程中对能源的需求；在生活系统中，可以选择使用高效节能的电器设备，合理规划和利用家庭能源，如利用太阳能发电、选择节能灯具等，从而有效减少能源消耗。

合理处理与减少污染物排放。在生产过程中，通过采用净化设备、改进工艺流程等绿色技术手段，可以有效减少工业废气和废水的排放。在家庭生活中，可以选择环保的清洁用品，合理使用化学制品，减少对环境的污染。也需要重视废弃物的分类处理和资源化利用，通过回收再利用的方式，减少固体废物的产生和减少对自然环境的负面影响。

引入绿色技术。例如，可以推广使用可再生能源，如风能、水能、太阳能等，来替代传统的化石燃料能源，实现能源供应的绿色化；可以通过开展科研和创新，开发出更加环保高效的生产和消费技术，推动技术进步与绿色发展相结合。

三、倡导绿色食品和绿色低碳的生活方式

（一）绿色食品的生产与消费

在生产环节，应注重减少农药、化肥等化学物质的使用，采用有机、生态、自然等可持续发展的生产模式。同时，农民应加强健康养殖、规模化养殖等技术培训，提高农产品质量和安全性。

在消费环节，倡导绿色食品消费行为，即选择无添加剂、无农药残留的食品，并且偏好当地自产的绿色农产品。提倡适量消费，避免浪费。消费者可以通过购买绿色食品，支持环保产业的发展，促使更多农民转向绿色农业生产。

除了生产者和消费者的努力，政府在绿色食品生产与消费方面也扮演着重要角色。政府应加强监管，确保市场上销售的食品符合绿色食品标准。政府还应制定相应的优惠政策，鼓励农民投身绿色农业生产，降低绿色食品的价格，提高绿色食品的市场竞争力。

为了推广绿色食品，需加强公众教育和宣传。比如，举办绿色农产品展览、讲座等活动，提高大众对绿色食品的认知度和接受度。媒体也应发挥作用，广泛报道绿色食品的好处和意义，激发公众对绿色食品的兴趣和购买欲望。

（二）绿色低碳生活方式的推广

绿色低碳生活方式是一种积极响应全球环保号召的行动，旨在减少个人和社

会对能源资源的消耗，降低污染物排放，以实现可持续发展。推广绿色低碳生活方式，需要多方合作，包括政府、企业和个人的积极参与。

政府在推广绿色低碳生活方式方面扮演着重要角色。政府可以通过制定相关政策和法规来引导和鼓励人们采取低碳生活方式。例如，政府可以提供税收减免或补贴，鼓励购买低能耗、低排放的家电产品；可以设立绿色低碳示范区，向公众展示绿色生活的好处和可行性；可以加大对绿色低碳的宣传教育力度，提高社会对绿色低碳生活方式的认知度。

企业在推广绿色低碳生活方式中发挥着重要作用。企业可以积极推动生产过程的绿色化，采用低碳技术和清洁能源，减少能源资源消耗和污染物排放。企业可以通过生产和销售绿色产品，引导消费者选择环保、可持续的商品。企业还可以开展宣传活动，向公众普及绿色低碳的生活方式，并提供相应的产品和服务。

个人在推广绿色低碳生活方式中起着至关重要的作用。个人可以从小事做起，如节约用水用电，减少对汽车的依赖，鼓励步行、骑行或使用公共交通工具。个人可以选择使用环保袋、纸张和可降解餐具，以减少塑料污染。同时，个人可以采取健康的饮食习惯，选择绿色食品，减少肉类消费，降低碳排放。

（三）社会对绿色食品和低碳生活方式的接受度

社会对绿色食品和低碳生活方式的接受度是评估绿色生活倡导效果的重要指标。随着人们环保意识的增强和对健康的关注，绿色食品和低碳生活方式在社会中得到了广泛的关注和认可。

从消费者角度来看，对绿色食品的要求与需求逐渐增加。越来越多的人开始关注食品的原产地、生产过程以及使用的化学物质。他们更倾向于选择无农药、无化学添加剂以及采用有机种植、自然养殖等方式生产的绿色食品。在购买食品时，人们更加注重产品的绿色认证和标签，如绿色食品认证、有机认证等。这部分消费者的需求推动了绿色食品市场的发展，并且促使生产者采取更多绿色生产方式。

低碳生活方式在社会中得到了广泛的认可和支持。低碳生活方式强调减少碳排放、节约能源、提倡低碳交通等，在实际生活中进行了一定的实践。越来越多的社区、企业和个人开始采取具体措施，如推广骑行、减少用电量、购买节能产品等。政府也推出了诸多低碳政策和鼓励措施，如鼓励使用清洁能源、推广节能灯具等，以加快低碳生活方式的推广。

不仅消费者和个体行动，社会机构和组织也对绿色食品和低碳生活方式给予了积极回应。许多餐饮企业开始提供绿色食品选择，推广低碳餐饮，减小餐饮业对环境的影响。各大超市也在逐步扩大绿色食品的销售范围，并组织低碳生活推广活动。行业协会也发挥了积极的作用，通过制定行业标准和指导意见，促进绿色食品和低碳生活方式的普及。

社会对绿色食品和低碳生活方式的接受度仍然面临一些挑战。由于价格和市场信息不对称，一些消费者可能因绿色食品的价格过高而对其望而却步。营销手段也有待进一步改进，加大绿色食品和低碳生活方式的宣传力度，增加消费者的认知度和置换意识。就低碳生活方式来说，部分社区和城市基础设施的不完善也限制了低碳出行的实施。

（四）政策对绿色食品和低碳生活方式的推动

在实现绿色生活的过程中，政府的引导和支持起着关键作用。政策的制定和推动不仅可以激励企业和个人参与到绿色食品和低碳生活方式的实践中，还能够为其提供必要的条件和资源。

政策可以通过经济激励措施来推动绿色食品和低碳生活方式发展。例如，为生产绿色食品的企业提供税收减免或补贴，鼓励其投入研发和生产。对于推广和采用低碳生活方式的个人和家庭，政府可以给予一定的奖励，如节能补贴、低碳生活奖金等。这些经济激励措施可以有效地引导市场和消费者向绿色食品和低碳生活方式倾斜。

政策可以通过法律法规的制定和执行，加强对绿色食品和低碳生活方式的管理和监督。例如，制定和实施相关的食品安全法规，规范绿色食品的生产、加工、储存和销售环节。在低碳生活方面，可以制定建筑节能标准，推广使用新能源汽车等低碳交通工具。政府还可以加大对污染物排放和能源消耗的监管力度，确保企业和个人遵守环保法规，减小对环境的负面影响。

政策还应该加强对社会公众的宣传和教育，提高对绿色食品和低碳生活方式的认知和接受度。政府可以通过开展宣传活动、举办培训班等形式，向社会传递绿色生活的理念和方法，激发公众的热情，提高公众参与度。政府还可以与媒体、社会组织等合作，共同推广绿色食品和低碳生活方式，形成全社会共同努力的良好氛围和合力。

四、在全社会营造绿色生活良好氛围

（一）媒体在营造绿色生活氛围中的作用

媒体作为信息传播的重要渠道，能够将绿色生活理念传递给大众。通过各种媒介形式，如电视、广播、报刊、网络等，媒体可以向公众传播具体的环保知识、绿色生活技巧和成功案例，激发人们的环保意识，引起他们对绿色生活的关注和重视。

媒体可以通过报道、宣传和采访等手段，树立绿色生活的典范和榜样。通过报道环保活动、绿色企业以及积极参与环保事业的个人等，媒体可以引领公众的目光和注意力，强调绿色生活对于环境保护的重要性，让更多人了解绿色生活的实践方法和益处。同时，媒体还可以通过采访专家学者、环保志愿者和环保组织代表，传递专业的环保信息，从而引导公众正确认识和应对环境问题。

在营造绿色生活氛围中，媒体还扮演着监督者和促进者的角色。媒体可以通过对环境污染、资源浪费、生态破坏等问题的曝光以及对相关单位和个人的监督报道，推动相关部门采取措施解决环境问题，促使企业和个人更加重视绿色发展。同时，媒体还可以积极报道和宣传政府与社会组织的环保政策和行动，激励公众积极参与环保行动。

媒体还可以通过广告和商业宣传等手段，鼓励和引导人们购买和使用绿色产品，推动绿色消费发展。通过精心编制的绿色生活主题广告和营销活动，媒体能够直接影响人们的购买行为和生活方式，从而对环境和可持续发展做出积极贡献。

（二）教育在营造绿色生活氛围中的作用

通过教育的力量，人们可以增强环境保护和可持续发展意识，培养绿色生活习惯和行为，从而为构建美丽家园贡献力量。

教育可以提供必要的知识和信息。教育机构和媒体等机构可以向公众传递环境保护的科学知识和相关信息，让人们了解到环境问题的严重性和影响以及采取行动的必要性。通过教育，人们可以了解到能源资源的有限性，污染物排放对生态环境的破坏，以及绿色食品和低碳生活方式的重要性。

教育可以培养人们绿色生活的习惯和行为。通过教育，人们可以掌握绿色生活的技能和方法，如节能减排、垃圾分类、循环利用等。教育可以引导人们从根本上改变对资源的使用方式，推动他们更加注重环境保护，形成节约资源、减少污染的习惯。教育可以加深人们对绿色食品和有机农业的认识和选择，推动人们过上健康、环保的生活。

教育可以通过培养环境意识和责任感来引导人们的行为。教育可以使人们接受关于生态文明和可持续发展的道德理念，鼓励人们自觉地尊重自然、保护环境，从而形成对环境的敬畏和责任感。教育可以让人们认识到保护环境不仅仅是为了自己和当前的利益，更是为了子孙后代和未来世代的福祉，这种深深的责任感可以促使人们积极行动起来。

(三)政策在营造绿色生活氛围中的作用

合理制定和实施政策可以为推广绿色生活方式提供指导和支持，调动全社会的积极性和创造力，从而实现可持续发展的目标。

政策可以通过引导和规范企业行为来推动绿色生活方式落地。政府可以出台一系列环保法规和标准，要求企业减少污染物排放，提高能源和资源利用效率。同时，政府还可以通过奖励政策和补贴等方式，激励企业采用清洁生产技术和绿色能源，促进生产方式向绿色化、低碳化转变。通过这种方式，政策可以引导企业在生产过程中更加注重环境保护，减少对生态环境的破坏，从而为绿色生活的实现提供有力支撑。

政策可以通过经济手段来促进绿色生活的普及。政府可以通过税收政策、价格管制等措施，提高高污染、高排放的产品和能源的价格，降低绿色产品和清洁能源的价格。这样一来，消费者在购买时会更倾向于选择环保、低碳的产品和服务，从而推动绿色生产和绿色消费发展。同时，政府还可以通过金融支持、贷款优惠等方式，鼓励和支持绿色产业和绿色项目的发展，促进绿色经济繁荣。通过这种方式，政策可以在经济层面对绿色生活进行引导和推动。

政策在促进绿色生活方面还可以发挥监管和评估的作用。政府要加强对环境保护和资源利用的监管，确保企业和个人按照相关规定履行环境责任。同时，政府还要建立绿色生活评估指标和评价体系，对各项绿色生活举措进行评估和监测，并根据评估结果进行调整和改进。通过这种方式，政策可以提高对绿色生活的管理能力和水平，确保绿色生活政策的有效实施。

参考文献

[1]祁卓娅,王志雄,马小路,等.工业节能技术及应用案例[M].北京:机械工业出版社,2020.

[2]李新创.中国钢铁工业绿色低碳发展路径[M].北京:冶金工业出版社,2022.

[3]赵泽林,欧阳康.中国绿色发展理论与实践研究[M].武汉:华中科技大学出版社,2023.

[4]李新安."双碳"目标绿色技术创新与制造业高质量发展[M].北京:经济管理出版社,2023.

[5]李夺,黎鹏展.绿色规划绿色发展城市绿色空间重构研究[M].武汉:华中科技大学出版社,2020.

[6]李德英,张伟捷,马良涛,等.建筑节能技术 第2版[M].北京:机械工业出版社,2021.

[7]高露,石倩,岳增峰.绿色建筑与节能设计[M].延吉:延边大学出版社,2022.

[8]姜立婷.绿色建筑与节能环保发展推广研究[M].哈尔滨:哈尔滨工业大学出版社,2020.

[9]郭杨.公共机构节能[M].成都:四川大学出版社,2021.

[10]王爱凤,王川.基于可持续发展的绿色建筑设计与节能技术研究[M].成都:电子科技大学出版社,2020.

[11]张建良,焦克新,王振阳.炼铁过程节能减排先进技术[M].北京:冶金工业出版社,2020.

[12]胡文斌.教育绿色建筑及工业建筑节能[M].昆明:云南大学出版社,2019.

[13]彭俊杰.云计算节能与资源调度[M].上海:上海科学普及出版社,2019.

[14]范恒山.绿色发展的思路与机制[M].北京:中国言实出版社,2023.

[15]包智明.环境公正与绿色发展[M].北京:中央民族大学出版社,2020.